接口自动化测试项目实战

Python 3.8+Requests+PyMySQL+
pytest+Jenkins实现

———————— 江楚 / 著

清华大学出版社
北京

内 容 简 介

本书采用项目驱动模式，并通过Python库建立起一套基础的、实用的接口自动化测试框架。本书共分为两部分，第一部分为接口自动化测试基础，包括第1～6章，先带读者部署被测系统，然后分别讲解HTTP请求的发送（Requests库）、目录及文件的操作（os库）、日志信息的记录与输出（logging库）、数据库的操纵（PyMySQL库）、pytest框架的使用等，所用的库都是设计接口自动化测试框架常用的基础库。第二部分为构建接口自动化测试框架，包括第7～9章，将应用第一部分的基础知识，带读者对ZrLog项目设计测试用例、搭建接口自动化测试框架、实现接口自动化测试框架的持续集成等。

本书不但展示了设计接口自动化测试框架的整个过程，还讲解了设计接口自动化测试框架所需的基础能力和思维。本书适合接口自动化测试的从业者阅读，也适合相关专业的院校及各大培训机构作为教材。

本书封面贴有清华大学出版社防伪标签，无标签者不得销售。
版权所有，侵权必究。举报：010-62782989，beiqinquan@tup.tsinghua.edu.cn。

图书在版编目（CIP）数据

接口自动化测试项目实战：Python 3.8+Requests+PyMySQL+pytest+Jenkins 实现 / 江楚著.
—北京：清华大学出版社，2021.11
ISBN 978-7-302-59375-1

Ⅰ.①接⋯ Ⅱ.①江⋯ Ⅲ.①软件工具－自动检测－教材 Ⅳ.① TP311.561

中国版本图书馆 CIP 数据核字 (2021) 第 211625 号

责任编辑：王中英
封面设计：郭 鹏
责任校对：徐俊伟
责任印制：曹婉颖

出版发行：清华大学出版社
网　　址：http://www.tup.com.cn，http://www.wqbook.com
地　　址：北京清华大学学研大厦A座　　邮　编：100084
社 总 机：010-62770175　　邮　购：010-83470235
投稿与读者服务：010-62795954，jsjjc@tup.tsinghua.edu.cn
质 量 反 馈：010-62772015，zhiliang@tup.tsinghua.edu.cn
课 件 下 载：http://www.tup.com.cn，010-83470236
印 装 者：小森印刷霸州有限公司
经　　销：全国新华书店
开　　本：170mm×240mm　　印　张：12.75　　字　数：198千字
版　　次：2021年11月第1版　　印　次：2021年11月第1次印刷
定　　价：59.00元

产品编号：093149-01

推荐语

这是一本实战性很强的书,从项目搭建到用例设计,再到框架设计,最后到持续集成,一气呵成,并配有视频讲解。对于想从事接口自动化测试的读者来说,确实是一本难得的好书。

孟豪　蚂蚁国际资金平台原高级测试工程师

在这本书中几乎看不到枯燥的理论知识,所有的章节均以实战项目为基础,书中所讲的用例设计、框架构建、持续集成等,都是实际项目中所需的重点。市场上需要这样一本书。

邹红亮　OPPO 商业生态中心原高级测试工程师

接口测试在项目测试中越来越重要,接口自动化测试技术将在很大程度上提高测试人员的测试水平。本书展示了一套完整的接口自动化框架,迎合了市场对高质量测试人员的要求。

刘佳欣　比亚迪原 PB 高级测试工程师

本书通过项目驱动的模式,串起了接口自动化测试涉及的主要技术和框架,讲解通俗易懂,非常适合功能测试人员、想转型接口自动化测试的人阅读。

秦浩　华为网络产品线移动终端原高级测试工程师

从公司招聘的需求来看,功能测试几乎已经饱和,服务端的测试及自动化测试已成为市场招聘的主流要求,本书很好地匹配了市场的需求。

纪文丹　中软国际软件测试 HR

前　言

随着市场需求的变化，90% 以上的企业在招聘测试人员时，都会提出接口自动化测试的相关要求，为什么会有这样的现象呢？

目前，软件构架基本上都是前后端分离的，软件的主要功能由服务端提供。从整个软件测试市场来看，大部分的测试人员还是以功能测试和 UI 自动化测试（基于 Web 页面的自动化测试）为主，即以前端的页面测试为主，并不涉及过多的服务端测试（接口测试）。但由于软件开发成本提高，开发周期和迭代周期缩短，仅仅做前端的页面测试已不能满足软件对质量的各项要求。

在软件测试领域，服务端测试的主要对象是由服务端所提供的接口，因此也被称为接口测试。接口测试的优势在于，在一个前端页面的开发还未完成时，测试就可以提前介入。接口测试也分为手工接口测试及接口自动化测试。手工接口测试一般可以通过 posman 或者 jmeter 等接口工具来完成；在接口的功能趋于稳定之后，便可以实现代码级的接口自动化测试及持续集成，这是本书讲述的重点。

与 UI 自动化测试相比，接口自动化测试执行速度快，反馈迅速，可以覆盖更多的场景，可以更快地发现服务端问题。测试工作介入得越早，解决 Bug 的成本越低，产品也会更加稳定，因此接口自动化测试几乎成了 UI 自动化测试人员发展的必经之路。从目前的市场需求来看，接口自动化测试人才在市场中所占比例较低，薪资高，市场缺口巨大。

本书特色

本书选用了 Python 3.8+Requests+PyMySQL+pytest+Jenkins 的组合，这些库和技术都是目前互联网公司大量使用的主流技术。本书将带领读者搭建一个接口自动化测试的框架，并希望读者能将其思想应用到实际的工作之中。本书由浅入深、循序渐进地带领读者在实际项目中完成接口自动化测试实战学习与应用。

配套资源

为便于教学，本书配有框架的源代码、测试用例、视频资源、项目及环境安装包等。配套视频可直接扫描相应章节的二维码观看（手机屏幕小，Pad 观看效果更佳）；配套的代码、用例等，请扫描封底"本书资源"二维码下载。

致谢

感谢我善良的母亲，母亲的温柔照亮了整个岁月、整个家；感谢我的父亲，父亲是军人出身，这几十年里不断地提醒和教诲我。有时候特别害怕他们老去的速度，他们把心铺成路，却还怕我们磕了脚。愿我们都懂得感恩，在他们老去之前真真正正地成为他们的骄傲吧。

感谢本书的编辑王中英老师，王老师不断地给我鼓励和信心，并对本书提出了很多宝贵的建议。

江　楚

2021 年 7 月

目　录

第一部分　接口自动化测试基础

第 1 章　部署被测系统 ... 3

1.1　安装 Docker 服务 ... 3
1.2　通过 Docker 部署 Tomcat 服务器 ... 4
1.3　通过 Docker 部署 MySQL 数据库 ... 5
1.4　通过 Docker 部署 ZrLog 项目包 ... 7

第 2 章　使用 Requests 库发送 HTTP 请求 ... 10

2.1　Requests 库的安装 ... 10
2.2　验证安装结果 ... 11
2.3　发送一个 GET 请求 ... 12
2.4　发送一个 POST 请求 ... 13
2.5　携带 Headers 发送请求 ... 15
2.6　携带 cookies 发送请求 ... 16
2.7　调用 request() 方法发送请求 ... 19

第 3 章　使用 os 库操作目录及文件 ... 21

3.1　通过 os 库方法获取平台信息 ... 21
  3.1.1　使用 os.sep() 方法获取系统分隔符 ... 21
  3.1.2　使用 os.name() 方法获取操作系统的平台类型 ... 22
  3.1.3　使用 os.getcwd() 方法获取当前工作目录 ... 23

3.2 通过 os 库方法对目录或文件进行增删改查 23
   3.2.1 使用 os.listdir() 方法查询目录下的文件列表 23
   3.2.2 使用 os.mkdir() 方法创建目录文件 25
   3.2.3 使用 os.rmdir() 方法删除一个空目录 26
   3.2.4 使用 os.remove() 方法删除指定文件 26
   3.2.5 使用 os.rename() 方法重命名目录或文件 27
3.3 通过 os.path 子模块来操作目录及文件 28
   3.3.1 使用 __file__ 特殊成员返回当前文件的全路径 29
   3.3.2 使用 os.path.dirname() 方法返回文件所在目录 30
   3.3.3 使用 os.path.abspath() 方法返回文件绝对路径 31
   3.3.4 组合使用 os.path.dirname() 方法和 os.path.abspath() 方法 31
   3.3.5 使用 os.path.join() 方法进行路径拼接 32
   3.3.6 使用 os.path.exists() 方法判断路径是否存在 33

第 4 章 使用 logging 库记录日志信息 35

4.1 logging 库的基本使用 35
   4.1.1 日志等级说明 35
   4.1.2 日志的常用函数 36
   4.1.3 日志常用的输出格式 36
   4.1.4 basicConfig() 方法的使用 37
4.2 将日志输出到控制台和文件 38
   4.2.1 将日志输出到控制台 38
   4.2.2 将日志输出到文件 40
   4.2.3 将日志同时输出到控制台和文件 42
4.3 日志记录实例应用 44

第 5 章 使用 PyMySQL 库操纵数据库 47

5.1 PyMySQL 库的安装 47
5.2 验证 PyMySQL 库是否安装成功 47

5.3 连接数据库前的准备工作 48

5.4 通过 PyMySQL 库操纵 Zrlog 数据库实例 50

    5.4.1 通过 fetchone() 方法读取表中数据 50

    5.4.2 通过 execute() 方法执行数据回写 52

    5.4.3 通过 rollback() 方法执行数据回滚 55

    5.4.4 通过 execute() 方法执行数据删除 58

第 6 章 应用 pytest 测试框架 60

6.1 pytest 测试框架的安装 60

6.2 验证 pytest 是否安装成功 61

6.3 函数和方法的执行规则 62

    6.3.1 函数的执行规则 62

    6.3.2 方法的执行规则 64

6.4 参数化的应用 65

    6.4.1 单个参数的参数化应用 66

    6.4.2 多个参数的参数化应用 70

6.5 使用 assert 原生断言 75

6.6 pytest 的 setup 和 teardown 方法 80

    6.6.1 模块级别 80

    6.6.2 函数级别 82

    6.6.3 类级别 83

    6.6.4 类方法级别 85

    6.6.5 类方法细化级别 86

6.7 配置文件设置 88

6.8 生成测试报告 90

第二部分　构建接口自动化测试框架

第 7 章　设计 ZrLog 项目的测试用例 ... 95
7.1　设计接口测试用例 ... 95
7.1.1　提取接口信息并分析 ... 95
7.1.2　根据接口信息设计测试用例 ... 101
7.2　测试用例的存储方式 ... 106
7.2.1　建立数据库实例 ... 107
7.2.2　建立主测试用例表 ... 108
7.2.3　建立配置信息表 ... 114
7.2.4　建立执行结果记录表 ... 116
7.2.5　通过Excel文件导入测试用例 ... 118

第 8 章　设计 ZrLog 项目接口自动化测试框架 ... 122
8.1　ZrLog 接口测试框架的环境 ... 122
8.2　ZrLog 接口测试框架设计的流程图 ... 123
8.3　ZrLog 接口测试框架的层次结构 ... 124
8.4　ZrLog 接口测试框架基础层级设计 ... 125
8.4.1　新建ZrLog接口自动化项目 ... 125
8.4.2　建立config层并封装settings.py文件 ... 127
8.4.3　建立report层存储测试报告 ... 129
8.4.4　建立log层存储日志信息 ... 130
8.4.5　建立utils层存储工具类 ... 131
8.4.6　封装日志工具类 ... 131
8.4.7　封装数据库工具类 ... 135
8.4.8　封装测试用例读取工具类 ... 138
8.4.9　封装HTTP请求工具类 ... 142
8.4.10　新建pytest.ini配置文件 ... 147

8.5 ZrLog 接口测试框架核心层级设计 148
    8.5.1 建立common核心层并封装base.py文件 148
    8.5.2 建立testcase核心层并封装test_run.py文件 152
    8.5.3 通过pytest框架运行test_run.py文件 162
    8.5.4 通过log层查看运行日志 163
    8.5.5 通过report层查看测试报告 163

第9章 接口自动化的持续集成 165

9.1 持续集成所涉及的环境 165
9.2 持续集成运行的流程图 166
9.3 注册并建立远程仓库 166
9.4 安装并使用 Git 版本管理工具 168
    9.4.1 安装Git客户端 168
    9.4.2 初始化Git本地仓库 169
    9.4.3 建立与远程仓库的信任关系 171
    9.4.4 通过Git命令提交代码到远程仓库 173
9.5 通过 Docker 部署 Jenkins 容器 176
9.6 通过 Jenkins 容器部署 Python 3.8.5 环境 177
9.7 通过 Jenkins 构建定时任务，并实现持续集成 179
    9.7.1 访问Jenkins平台 179
    9.7.2 建立Jenkins与远程仓库的信任关系 181
    9.7.3 通过Jenkins平台设置定时任务 184
    9.7.4 查看定时任务执行结果 187
9.8 通过 Jenkins 安装测试报告插件 188

第一部分
接口自动化测试基础

本部分主要包括两方面内容：被测系统的部署及 Python 库的学习。

部署被测系统是学习整个框架的前提条件，本书将选用开源项目 ZrLog 博客系统作为被测项目，具体请阅读第 1 章。

Python 库的学习主要涉及 Requests 库、os 库、logging 库、PyMySQL 库、pytest 库，将在第 2~6 章分别讲述，这几个库简要介绍如下。

- Requests 库是 Python 用来发起 HTTP（S）请求的第三方库，支持 GET、POST、PUT、DELETE 请求，Requests 库的特点是简单便捷、功能丰富，能够满足日常测试需求，本书将选取 Requests 库进行接口测试。

- os 库是 Python 的一个标准库，主要提供对操作系统进行操作的接口，在接口测试当中，常用来拼接目录及文件路径并返回。

- logging 库也是 Python 的一个标准库，主要用来记录程序运行时的各种状态信息，在接口测试当中，它可以用来排错、解决故障、统计分析等。

- PyMySQL 库是 Python 用来操作 MySQL 数据库的最常用的第三方库，在接口测试当中，可以用 PyMySQL 库来读取数据库中的测试用例，并将结果回写到数据库。

- pytest 库是一个非常成熟的、全功能的 Python 测试框架，简单灵活，容易上手，文档丰富，能够支持简单的单元测试和复杂的功能测试，在接口测试当中，常和 Requests 库组合来构建接口自动化框架。

第 1 章　部署被测系统

ZrLog 是一款用 Java 开发的具有简约、易用、免费、开源等优势的博客系统，深受大众欢迎和喜爱。本书之所以将 ZrLog 博客系统作为被测系统，其原因在于：ZrLog 博客系统部署过程相对简单，功能和业务逻辑不复杂，其接口资源包含了增删改查等常用操作，服务端响应的数据也是标准的 JSON 格式，这一些条件均为学习接口自动化测试框架提供了便利。

本章视频二维码

ZrLog 有多种部署方式，这里采用 Docker 的方式进行部署。Docker 是一种容器技术，容器就是在隔离的环境中运行的一个进程，如果进程停止，容器就会销毁。隔离的环境拥有自己的系统文件、IP 地址、主机名等。通俗来讲，Docker 是将应用程序与该程序的依赖打包在一个文件里面。运行这个文件，就会生成一个虚拟容器。程序在这个虚拟容器里运行，就好像在真实的物理机上运行一样。所以，有了 Docker，就不用担心环境问题。

本书选择 Centos 7.9 版本作为服务器端的操作系统，请读者使用 Centos 7.4～7.9 的版本。

1.1　安装 Docker 服务

首先安装 Docker 服务，步骤如下。

（1）在安装 Docker 时建议关闭 Centos 7.9 的防火墙，代码如下。这样可以避免因防火墙的启停而导致环境安装失败的问题。

```
[root@localhost ~]# systemctl stop firewalld.service
[root@localhost ~]# setenforce 0
```

（2）通过 yum 在线安装 Docker 服务，代码如下。

```
[root@localhost ~]# yum -y install docker
```

参数说明：-y 表示安装过程不询问，使用默认配置进行安装，等待提示完毕。

（3）启动 Docker 服务，代码如下。

```
[root@localhost ~]# systemctl start docker.service
```

（4）查看 Docker 服务的状态，代码如下，当状态显示为 active (running) 时，表明 Docker 服务启动成功。

```
[root@localhost ~]# systemctl status docker.service
```

1.2 通过 Docker 部署 Tomcat 服务器

Tomcat 服务器是一个免费的开放源代码的 Web 应用服务器，而 Docker 是一种超轻量化的虚拟机，Tomcat 可以直接安装在 Docker 上，安装过程很简单，步骤如下。

（1）通过 Docker 服务搜索 Tomcat 镜像，代码如下。

```
[root@localhost ~]# docker search tomcat
```

（2）通过 Docker 服务拉取 Tomcat 镜像，代码如下。

```
[root@localhost ~]# docker pull docker.io/tomcat:9
```

（3）通过 Docker 服务查看 Tomcat 镜像，代码如下。

```
[root@localhost ~]# docker images tomcat
```

（4）通过 Docker 服务创建 Tomcat 守护式容器，代码如下。

```
[root@localhost ~]# docker run -di -p 80:8080 --name=tomcat001
docker.io/tomcat:9
```

参数说明如下：

- -i：表示运行容器。

- -d：在 run 后面加上 -d 参数，则会创建一个守护式容器，并在后台运行（这样创建容器后不会自动登录容器。如果加 -i 和 -t 两个参数，创建后就会自动登录容器）。

- --name：为创建的容器命名。

还有一点要说明：执行运行容器的命令时，有时会报 WARNING: IPv4 forwarding is disabled. Networking will not work 的警告，此时可通过重启 network 和 Docker 服务来解决，重启命令为 systemctl restart network && systemctl restart docker。

（5）通过 Docker 服务查看 Tomcat 容器状态，当 Tomcat 容器的状态显示为 up 时，表明 Tomcat 容器已启动成功。

```
[root@localhost ~]# docker ps -a
```

参数说明：-a 表示列出当前所有正在运行的容器，或历史上运行过的容器。

1.3 通过 Docker 部署 MySQL 数据库

MySQL 是当下流行的关系型数据服务器之一，同 Tomcat 服务器一样，可以直接安装在 Docker 上，安装步骤如下。

（1）通过 Docker 服务搜索 MySQL 镜像，代码如下。

```
[root@localhost ~]# docker search mysql
```

（2）通过 Docker 服务拉取 MySQL 镜像，代码如下。

```
[root@localhost ~]# docker pull docker.io/mysql:57
```

（3）通过 Docker 服务查看 MySQL 镜像，代码如下。

```
[root@localhost ~]# docker images mysql
```

（4）通过 Docker 服务创建 MySQL 守护式容器，代码如下。

```
[root@localhost ~]# docker run -di --name=mysql001 -p 33506:3306 -e MYSQL_ROOT_PASSWORD=123456 docker.io/mysql:5.7
```

参数说明：-e 代表添加环境变量，MYSQL_ROOT_PASSWORD 是 root 用户的登录密码。

（5）通过 Docker 服务查看 MySQL 容器状态，代码如下，当 MySQL 容器的状态显示为 up 时，则表明 MySQL 容器已启动成功。

```
[root@localhost ~]# docker ps -a
```

（6）进入 MySQL 容器，代码如下。

```
[root@localhost ~]# docker exec -it b0bd324a995e bash
root@b0bd324a995e:/#
```

参数说明如下：

- exec 命令：登录到守护式容器。
- b0bd324a995e：MySQL 容器的 ID 号。
- bash：Linux 解释器类型。
- -t：分配一个伪终端。

（7）进入 MySQL 容器后登录 MySQL 数据库，代码如下。

```
root@b0bd324a995e:/# mysql -uroot -p'123456'
```

（8）创建 ZrLog 系统的数据库，代码如下，注意创建的数据库实例名为 zrlog，全部小写。

```
mysql> create database zrlog;
```

（9）授权一个新的可远程访问的 root 用户，此 root 用户在任意主机上对所有的数据库和表都有相应的操作权限，并为此用户设定的口令为 123456；后期使用 Navicat 客户端 (或 Python) 连接数据库时将使用此用户。

```
mysql> grant all privileges on *.* to root@'@' identified by '123456';

mysql> flush privileges;
```

（10）执行 exit 命令退出 MySQL 数据库，代码如下。

```
mysql> exit
root@b0bd324a995e:/#
```

（11）继续执行 exit 命令退出容器，回到宿主机，代码如下。

```
root@b0bd324a995e:/# exit
[root@localhost ~]#
```

1.4 通过 Docker 部署 ZrLog 项目包

接下来要部署 ZrLog 项目，步骤如下。

（1）将 ZrLog 项目的 root.war 上传到当前用户的家目录，然后将此包复制到 Tomcat 容器的 /usr/local/tomcat/webapps 目录下，代码如下。

```
[root@localhost ~]# docker cp ROOT.war 80f60aa854ab:/usr/local/tomcat/webapps
```

参数说明：80f60aa854ab 代表 Tomcat 容器的 ID 号。

（2）通过浏览器访问 http://192.168.47.128/install 地址，进入 ZrLog 项目的安装界面，如图 1-1 所示。

图 1-1　ZrLog 安装向导

（3）填写数据库信息：需要分别填写数据库服务器、数据库名、数据库用户名、数据库密码、数据库端口（注意此处映射的端口为 33506）。填写数据库信息的界面如图 1-2 所示。

图 1-2　填写数据库信息

（4）填写网站信息：需要分别填写 ZrLog 系统的管理员账号、管理员密码、管理员邮箱、网站标题、网站子标题等信息。填写网站信息的界面如图 1-3 所示。

图 1-3　填写网站信息

(5)在图 1-3 中单击"下一步"按钮,完成安装,如图 1-4 所示。

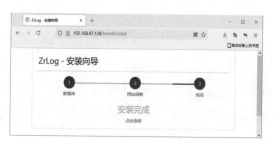

图 1-4　完成安装

(6)通过 http://192.168.47.128/admin 访问 ZrLog 系统后台登录页面。后台登录页面如图 1-5 所示。

图 1-5　后台登录页面

第 2 章 使用 Requests 库发送 HTTP 请求

本章视频二维码

Requests 库是一个非常实用的 Python 的第三方 HTTP 客户端库,测试服务器响应数据时经常会用到,因此功能测试人员会运用 Requests 库模拟发送 HTTP 接口请求,以完成 Web 接口测试。Requests 库最大的优点是,程序编写过程更接近正常的 URL 访问过程。这个库建立在 Python 语言的 urlib3 库的基础上,这样在其他函数库之上再封装功能的好处是,能提供更友好的函数调用方式,Requests 库可以直接构造 GET、POST 等请求并发起,因此使用起来更加便捷。这是本书选择 Requests 库来发送接口请求的原因。

2.1 Requests 库的安装

Requests 库的安装命令为:pip3 install requests,Requests 库安装过程及结果如图 2-1 和图 2-2 所示。从图 2-2 可以看到,末尾两行提示已安装完成。

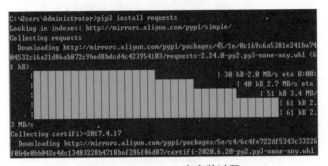

图 2-1 Requests 库安装过程

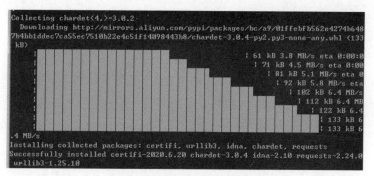

图 2-2　Requests 库安装结果

2.2　验证安装结果

Requests库安装完成后，通过 PyCharm 导入 Requests 库，并通过 dir() 函数查看 Requests 库的方法，如果能正常输出 Requests 库的方法，则表明 Requests 库安装成功。查看 Requests 库方法的界面如图 2-3 所示，可以看到 PyCharm 的控制台已输出了 Requests 库的方法，这说明 Requests 库已安装成功，并可以正常使用。

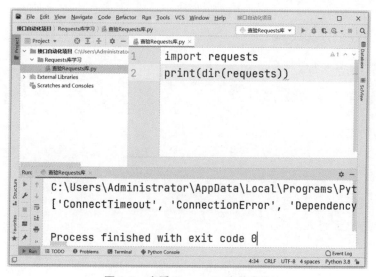

图 2-3　查看 Requests 库的方法

2.3 发送一个 GET 请求

在 HTTP 接口测试中，请求方式通常是 GET 请求或者 POST 请求。GET 请求主要从服务器上获取数据，GET 请求的测试一般较为简单，只需设置好相关的请求头，正确书写 URL 地址，即可发送。发送 GET 请求时，参数一般放置在 URL 中，如例 2-1 所示。

【例 2-1】发送一个 GET 请求，并通过 GET 请求来验证用户是否可以成功获取 ZrLog 系统服务端的资源。

```
# 导入 Requests 库
import requests
# 此处使用的接口地址为 ZrLog 系统后台登录首页的地址
url = "http://192.168.47.128/admin/login"
# 通过 Requests 库发送 GET 请求
r = requests.get(url=url)
# 以文本的方式返回响应内容
print(r.text)
# 返回 HTTP 协议状态码
print(r.status_code)
```

运行结果如下：

```
</form>
</div>
</div>
<div class="text-center container-login5">
```

```
<p><strong>Copyright &copy; 2019</strong>人因梦想而伟大 All
Rights Reserved. </p>

</div>

</div>

</body></html><!--26ms-->
200
```

更多说明：

- 由于运行结果显示的内容过多，这里对服务端响应的源码信息做了省略处理。

- 从运行结果的最后几行可以看到，用户成功获取了 ZrLog 系统后台登录页面源码信息和 HTTP 协议状态码 200，这说明 GET 请求成功地获取了服务端的资源。

2.4 发送一个 POST 请求

在 HTTP 接口测试中，POST 请求主要是向服务器提交要被处理的数据。POST 可以附加 body，可以支持 form、JSON、xml、binary 等各种数据格式。通过 Requests 库发送 POST 请求时，常见的是发送 JSON 格式的字符串，如例 2-2 所示。

【例 2-2】发送一个 POST 请求。本例中的请求将向 ZrLog 系统服务器提交用户名和密码等主要参数信息，并通过 POST 请求来验证用户向服务器提交的数据能否得到正确处理。

```
# 导入 Requests 库
```

```python
import requests
# 此处使用的接口地址为 ZrLog 系统后台登录的接口地址
url_login = "http://192.168.47.128/api/admin/login"
# 请求的数据为 JSON 格式的字符串,并将请求的数据保存在 data 字典中
data = {
    "userName":"admin",
    "password":"feb7851d68ec5fbe56ffc8d9dfb72857",
    "https":False,
    "key":1615903975463
}
# 通过 Requests 库发送 POST 请求,其中 verify=False 代表绕过 HTTPS 证书验证
r_res = requests.post(url=url_login,json=data,verify=False)
# 以文本的方式返回响应内容
print(r_res.text)
# 以 JSON 格式返回响应内容
print(r_res.json())
```

运行结果如下:

```
{"message":null,"error":0}

{'message': None, 'error': 0}
```

更多说明:

- ❏ 从运行的结果可以看到,ZrLog 系统服务器返回的业务状态码 error 的值为 0,说明业务返回没有问题,同时代表服务端成功处理了 POST 请求提交的

数据请求。

- 在 Python 代码中，当出现 true、false、null 时，需分别改成 True、False、None，才能被 Python 识别。
- 此例中，请求参数的密码是加密的，实际实际工作中如需要解密，可通过 MD5 或其他解密算法进行解密，本例请求不需要进行解密。

2.5 携带 Headers 发送请求

Headers 是构成 HTTP 接口请求的要素之一，在客户端与服务器之间以 HTTP 协议传输信息的过程中，起到传递额外重要信息的作用，在接口测试中，具体携带哪个请求头由接口文档定义，如果不携带某个特定的请求头，则无法获取服务端响应的信息。通过 Requests 库发送请求时可携带 Headers，如例 2-3 所示。

【例 2-3】携带 Headers 发送请求，本例中 Headers 信息为 {'Content-Type': 'application/json'}，并通过 Headers 信息向服务端声明此次请求的数据类型为 JSON 格式的。

```
# 导入 Requests 库
import requests
# 此处使用的接口地址为 ZrLog 系统后台登录的接口地址
url_login = "http://192.168.47.128/api/admin/login"
# 请求的数据为 JSON 格式的字符串，并将请求的数据保存在 data 字典中
data = {
    "userName":"admin",
    "password":"feb7851d68ec5fbe56ffc8d9dfb72857",
```

```
        "https":False,

        "key":1615903975463

}

# 请求的参数将携带 Headers，并以字典的格式存放

headers = {'Content-Type': 'application/json'}

# 通过 Requests 库发送 POST 请求，并携带 Headers

r_res = requests.post(url=url_login,json=data,headers=headers)

# 以文本的方式返回响应内容

print(r_res.text)

# 以 JSON 格式返回响应的内容

print(r_res.json())
```

运行结果如下：

```
{"message":null,"error":0}

{'message': None, 'error': 0}
```

更多说明：从运行的结果可以看到，ZrLog 系统服务器返回的业务状态码 error 的值为 0，说明业务返回没有问题，这代表服务端接受了基于 JSON 格式的数据请求，并成功进行了响应。

2.6 携带 cookies 发送请求

cookies 是指某些网站为了辨别用户身份、进行 session 跟踪而储存在用户本地终端上的数据（通常是经过加密的字符串）。简单来说，cookies 能够把你访

问网站时产生的一些行为信息读取、保存下来，常用的是访问某些网页时提示我们是否需要保存用户名和密码，下次登录时能够自动登录，无须重新登录。通过 Requests 库发送请求时，可以携带 cookies，用以辨别用户身份，如例 2-4 所示。

【例 2-4】携带 cookies 发送请求，本示例中的 cookies 信息为 1#704B357564565A564D57797A2B2633D，它表明此次请求将使用 cookies 来验证用户的身份信息。

```
# 导入 Requests 库
import requests
# 此处使用的接口地址为 ZrLog 系统文章发布的接口地址
url = "http://192.168.47.128/api/admin/article/create"
# 请求的数据类型为 JSON 格式的字符串，并存放在字典当中
data = {
    "id":None,
    "editorType":"markdown",
    "title":" 您好 ",
    "alias":" 您好 ",
    "thumbnail":None,
    "typeId":"1",
    "keywords":None,
    "digest":None,
    "canComment":False,
    "recommended":False,
```

```
            "privacy":False,

            "content":"<p> 您好 </p>\n",

            "markdown":" 您好 ",

            "rubbish":False

    }

    '''

    新增文章时需要携带服务端返回的 cookies，以验证用户的身份

    此 cookies 已过期，请读者重新抓取 cookies

    '''

    cookies = {"admin-token":"1#704B357564565A564D57797A2B2633D"}

    # 此 POST 方法里面携带了 cookies 这个字段

    r = requests.post(url=url,json=data,cookies=cookies)

    # 以文本的方式返回服务端响应的内容

    print(r.text)

    # 以 JSON 格式返回服务端响应的内容

    print(r.json())
```

运行结果如下：

```
    {"thumbnail":null,"digest":"<p> 您好 </p>","alias":"1","id":1,"message":null,"error":0}

    {'thumbnail': None, 'digest': '<p>您好</p>', 'alias': '您好', 'id': 1, 'message': None, 'error': 0}
```

更多说明：从运行的结果可以看到，用户并没有使用用户名和密码，而是携带 cookies 信息进行身份验证，并成功地在 ZrLog 系统中发布了文章。

2.7 调用 request() 方法发送请求

Requests 库中 request() 方法其实是向 URL 页面构造一个请求，常用的 GET 方法、POST 方法是通过调用封装好的 request() 方法来实现的。通俗一点讲，调用 request() 方法可以用来直接发送 POST 请求，也可以用来发送 GET 请求等其他请求方式。例 2-5 所示为调用 requests() 方法发送 POST 请求。

【例 2-5】调用 requests() 方法来发送 POST 请求。

```python
# 导入 Requests 库
import requests
# 此处使用的接口地址为 ZrLog 系统后台登录的接口地址
url_login = "http://192.168.47.128/api/admin/login"
# 请求的数据为 JSON 格式的字符串，并将数据保存在字典中
data = {
    "userName":"admin",
    "password":"d246a0bf7514ebcbc4624e5a64fe286b",
    "https":False,
    "key":1615908685980
}
# 定义 method 参数的值为 post
method = "post"
```

调用 request() 方法来发送 POST 请求，而 request() 方法中加入了 method 参数

```
r_res = requests.request(
                url=url_login,
                method=method,
                json=data,
                verify=False
                )
```

以文本的方式返回响应内容

```
print(r_res.text)
```

以 JSON 格式返回响应内容

```
print(r_res.json())
```

运行结果如下：

```
{"message":null,"error":0}

{'message': None, 'error': 0}
```

更多说明：当发送 GET 请求时，只需要将 method 的值设置成 GET 便可。

第 3 章　使用 os 库操作目录及文件

os 库为 Python 内置库，无须额外安装。在接口测试当中，os 库经常用来操作项目的文件和文件所在的目录，例如系统在记录日志或生成测试报告时，就需要通过 os 库的方法来拼接日志路径和测试报告的路径，使之存放在一个固定的目录中。在项目的后期需要实现持续集成，此时脚本会运行在 Linux 操作系统中，而 os 库中的方法可以保证程序路径的完整性和正确性，从而实现跨平台运行，这是本章为什么要学习 os 库基本方法的原因。

3.1　通过 os 库方法获取平台信息

在编码的过程中，经常需要获取平台的信息，以方便对项目或代码进行调试，常用的平台信息包括系统路径的分隔符、操作系统平台的类型值、当前项目的工作目录等。接下来将分别讲解获取平台信息的方法。

3.1.1　使用 os.sep() 方法获取系统分隔符

Windows 系统常用分隔符为 \ 或 \\，Linux 系统（包括 Centos 系统）常用分隔符为 /，苹果 Mac 系统分隔符为 :。在实际项目中，无论是拼接日志的完整路径，还是其他的程序文件完整路径，都可以使用系统的分隔符进行拼接。正确的程序路径可以最大程度保证程序在不同操作系统下正常运行。而在 os 库中可以使用 os.sep() 方法获取不同系统路径的分隔符。接下来通过案例演示 os.sep() 方法的使用，如例 3-1 所示。

【例3-1】os.sep()方法使用示例。因本书的编程环境为Windows系统,这里仅以Windows系统作为示例。3.1节其他的例子也是以Windows系统为例,不再重复说明。

```
# 导入os库
import os
# 获取本机操作系统的分隔符
print(os.sep)
```

运行结果如下:

```
\
```

更多说明:如果程序运行的环境为Linux操作系统,由于使用了os.sep()方法,那么系统的分隔符会自动调整为/,以保证程序的正常运行。

3.1.2 使用os.name()方法获取操作系统的平台类型

在操作系统平台的类型中,Windows系统用nt表示,Linux系统用posix表示,在实际的项目中,如果想要知道代码实际使用的平台,可以通过os库中的os.name()方法来获取,如例3-2所示。

【例3-2】使用os.name()方法获取操作系统的平台类型。

```
# 导入os库
import os
# 获取本机操作系统的类型
print(os.name)
```

运行结果如下:

```
nt
```

3.1.3 使用 os.getcwd() 方法获取当前工作目录

在实际的项目中，如果想要知道当前工作目录，即当前 Python 脚本工作的目录路径，则可以使用 os 库中的 os.getcwd() 方法，如例 3-3 所示。

【例 3-3】使用 os.getcwd() 方法获取当前工作目录。

```
# 导入os库
import os
# 获取当前的工作目录路径
print(os.getcwd())
```

运行结果如下：

```
C:\Users\Administrator\PycharmProjects\接口自动化项目\os库学习
```

3.2 通过 os 库方法对目录或文件进行增删改查

任何一个项目都是由目录及目录下的文件构成的，在一个稍大一点的项目中，无论是项目初期的调试，还是正式的项目构建，都少不了需要对目录进行各种操作，例如查询文件列表、创建目录、删除目录、删除文件、重命名文件或目录等相关操作。接下来分别讲解它们的用法。

3.2.1 使用 os.listdir() 方法查询目录下的文件列表

假设当前项目路径"C:\Users\Administrator\PycharmProjects\ 接口自动化"下有三个文件和一个包名，分别为 123.txt、score.xlsx、Test.py 和 Testdata。当前项目路径展示如图 3-1 所示。3.2 节其他的例子也将以图 3-1 的项目路径下的文件和目录进行演示，不再重复说明。

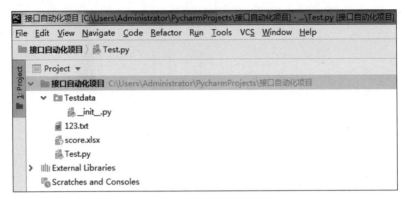

图 3-1 当前项目路径展示

在实际的项目中，如果要列出指定目录下的文件列表，则可以使用 os 库中的 os.listdir() 方法，如例 3-4 所示。

【例 3-4】使用 os.listdir() 方法查询目录下的文件列表。

```
# 导入 os 库
import os
# 获取当前项目路径下的所有文件和目录列表，并以列表的形式展示
print(os.listdir())
# 获取指定盘符的所有文件和目录列表，并以列表的形式展示
print(os.listdir("D:\\"))
```

运行结果如下：

```
['.idea', '123.txt', 'score.xlsx', 'Test.py', 'Testdata']
['android', 'Documents', 'LINXU 基本命令与环境搭建完整版 --', 'office2010', 'Program Files', 'Xftp.6.0.0105.v2', 'Xshell.6.0.0111.v2']
```

更多说明：在 Python 的正则表达式中，单个反斜杠 \ 在 Python 中为转义字符，所以在指定路径时需要用 \\ 才能代表反斜杠本身。

3.2.2 使用 os.mkdir() 方法创建目录文件

在实际的项目中，如果想要创建新的目录文件，可以使用 os 库中的 os.mkdir() 方法，如例 3-5 所示。

【例 3-5】使用 os.mkdir() 方法创建目录文件。

```
# 导入 os 库
import os
# 在当前项目路径下创建一个名为 testcase 的目录文件
os.mkdir("testcase")
# 在指定的盘符下建一个目录文件 testcase
os.mkdir("D:\\testcase")
```

运行结果如图 3-2 所示。

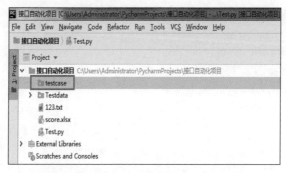

图 3-2 os.mkdir() 方法新建 testcase 目录

更多说明：

❑ 从运行的结果可以看到，项目的根目录下新增了一个 testcase 目录。

❑ 新建目录后，其目录下不带 __init__.py 文件；新建包名后，系统会自动在此包名下新建 __init__.py 文件，从项目的根目录可以看到，testcase 为目录名，Testdata 为包名，如果程序要使用 from…import 语句，则尽量使用包名进行导入。

3.2.3 使用 os.rmdir() 方法删除一个空目录

在实际的项目中，如果要删除项目中的一个空目录文件，可以使用 os 库中的 os.rmdir() 方法，如例 3-6 所示。

【例 3-6】使用 os.rmdir() 方法删除空目录文件。

```
# 导入 os 库
import os
# 在当前项目路径下删除空目录文件 testcase
os.rmdir("testcase")
# 去指定的盘符下删除空目录文件 testcase
os.rmdir("D:\\testcase")
```

运行结果如图 3-3 所示。

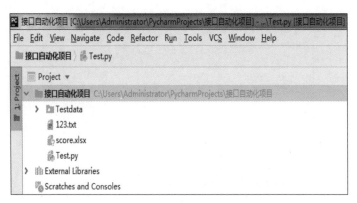

图 3-3　os.rmdir() 方法删除 testcase 空目录

更多说明：从运行的结果可以看到，项目的根目录中已不存在 testcase 目录。

3.2.4　使用 os.remove() 方法删除指定文件

在实际的项目中，如果需要删除指定的文件，可以使用 os 库中的 os.remove()

方法，如例 3-7 所示。

【例 3-7】使用 os.remove() 方法删除指定文件。

```
# 导入 os 库
import os
# 删除当前项目路径下的 "123.txt 文件 "
os.remove("123.txt")
# 删除指定盘符下的文件
os.remove("D:\\data\\2.doc")
```

运行结果如图 3-4 所示。

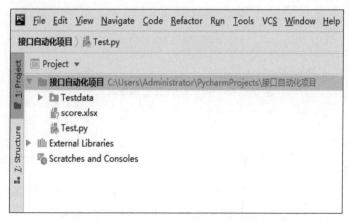

图 3-4　os.remove() 方法删除 123.txt 文件

更多说明：从运行的结果可以看到，当前目录下的 123.txt 文件已被删除。

3.2.5　使用 os.rename() 方法重命名目录或文件

在实际的项目中，如果需要重命名项目中的目录或文件，可以使用 os 库中的 os.rename() 方法，如例 3-8 所示。

【例 3-8】使用 os.rename() 方法重命名目录或文件名。

```
# 导入 os 库
import os
# 将项目路径下的工作簿名称 score.xlsx 修改成 score001.xlsx
print(os.rename("score.xlsx"," score001.xlsx"))
```

运行结果如图 3-5 所示。

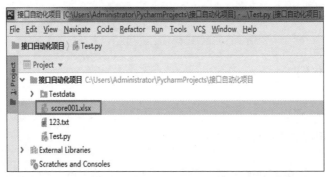

图 3-5　os.rename() 方法重命名文件

更多说明：

❏ 从运行结果可以看到，score.xlsx 文件名已被修改成 score001.xlsx。

❏ 修改目录名的语法为：os.rename("原目录名"，"新目录名")，请读者自行验证。

3.3　通过 os.path 子模块来操作目录及文件

在编码的过程中，往往需要对目录和文件进行拼接、判断文件或目录是否存在、返回文件的绝对路径、返回文件所在的目录等，如果程序中涉及这些操作，最好使用 Python 标准库中的 os.path 子模块来实现，这样能避免程序在跨平台运行时出现异常问题。接下来将分别讲解这些操作。

3.3.1　使用 __file__ 特殊成员返回当前文件的全路径

同样，假设当前项目路径 "C:\Users\Administrator\PycharmProjects\ 接口自动化"下有三个文件和一个包名，分别为 123.tx、score001.xlsx、Test.py 和 Testdata。当前项目路径展示如图 3-6 所示。3.3 节其他的例子也将以图 3-6 的项目路径下的文件和目录进行演示，不再重复说明。

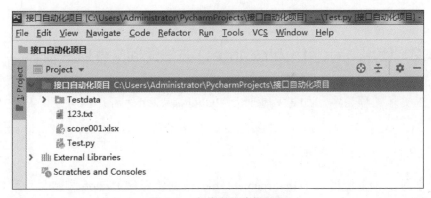

图 3-6　当前项目路径展示

在 Python 中有大量类似 __file__ 这种以下画线开头和结尾的特殊成员，也是 Python 语言独具特色的语法之一，它不同于函数，但可以实现函数所不能实现的一些功能，并且可以简化程序的代码。__file__ 就是 Python 内置的一个特殊成员，通过 __file__ 可以直接获取 Python 脚本文件的全路径（本节中的 Python 脚本文件使用的是当前项目下的 Test.py 文件，下文不再重复），在实际的项目中，为了简化程序的代码，此特殊成员会经常被使用。接下来通过案例展示 __file__ 特殊成员的使用，如例 3-9 所示。

【例 3-9】使用 __file__ 特殊成员获取 Python 脚本文件的全路径。

```
# __file__ 表示当前 Python 脚本文件的全路径
print(__file__)
```

运行结果如下：

C:/Users/Administrator/PycharmProjects/ 接口自动化项目 /Test.py

更多说明:

❏ 需要注意的是,在 Python 特殊成员中,有一些是方法,调用时要加括号;有一些是属性,调用时不需要加括号。而 __file__ 就是属性,所以调用时不需要加括号。

❏ 从运行的结果可以看到,返回的全路径中包括了 Python 脚本文件名本身,也就是 Test.py 文件。

3.3.2 使用 os.path.dirname() 方法返回文件所在目录

在实际的项目中,如果只想返回 Python 脚本文件所在的目录(路径中不包括 Python 脚本文件名),可以使用 os 库 path 子模块中的 os.path.dirname(__file__) 方法,如例 3-10 所示。

【例 3-10】使用 os.path.dirname(__file__) 方法返回 Python 脚本文件所在的目录。

```python
# 导入 os 库
import os
# os.path.dirname(__file__) 返回的是 Python 脚本文件所在的目录
path1 = os.path.dirname(__file__)
print(path1)
```

运行结果如下:

```
C:/Users/Administrator/PycharmProjects/接口自动化项目
```

更多说明:

❏ 从运行的结果可以看到,返回的目录中并不包括 Python 脚本文件名本身。

❏ 很多自动化框架在拼接目录会使用 os.path.dirname(os.path.dirname

(__file__))方法来输出目录结构。此代码输出的结果为 Python 脚本文件所在目录的上一级目录。有兴趣的读者可自行尝试一下。

3.3.3 使用 os.path.abspath() 方法返回文件绝对路径

在实际的测试项目中，如果想返回 Python 脚本文件的绝对路径（路径中包括 Python 脚本文件名本身），也可以使用 os 库 path 子模块中的 os.path.abspath() 方法，如例 3-11 所示。

【例 3-11】使用 os.path.abspath() 方法返回文件绝对路径。

```
# 导入os库
import os
# os.path.abspath(__file__)返回的是Python脚本文件的绝对路径（完整路径）
path2 = os.path.abspath(__file__)
print(path2)
```

运行结果如下：

```
C:\Users\Administrator\PycharmProjects\接口自动化项目\Test.py
```

更多说明：从运行的结果可以看到，本例运行的结果与例 3-11 运行的结果相同，两者都返回了 Python 脚本文件名本身，也就是 Test.py 文件。

3.3.4 组合使用 os.path.dirname() 方法和 os.path.abspath() 方法

在实际的项目中，测试人员也经常组合使用 os.path.dirname() 方法和 os.path.abspath() 方法，来返回 Python 脚本文件所在的目录，如例 3-12 所示。

【例3-12】组合使用os.path.dirname()方法和os.path.abspath()方法。

```
# 导入os库
import os
# 组合使用,返回的是Python脚本文件所在的目录
path3 = os.path.dirname(os.path.abspath(__file__))
print(path3)
```

运行结果如下:

```
C:\Users\Administrator\PycharmProjects\ 接口自动化项目
```

更多说明:由于os.path.abspath(__file__)方法返回的是包括文件名在内的绝对路径,而os.path.dirname()方法返回的是Python脚本文件所在的目录,所以运行的结果只包括目录,不包括文件名本身。

3.3.5 使用os.path.join()方法进行路径拼接

在实际的项目中,如果需要对路径(即文件和目录)进行拼接,可以使用os库的path子模块中的os.path.join()方法,如例3-13所示。

【例3-13】使用os.path.join()方法对文件和目录进行拼接。

```
# 导入os库
import os
# os.path.join()拼接路径,输出Test.py文件的绝对路径
path4 = os.path.join(os.path.dirname(__file__),'Test.py')
print(path4)
# 加入os.path.dirname()和os.path.abspath(),同样输出Test.py文件的绝对路径
```

```python
path5 = os.path.join(os.path.dirname(os.path.abspath(__file__)),'Test.py')
print(path5)
```

运行结果如下:

```
C:/Users/Administrator/PycharmProjects/接口自动化项目\Test.py
C:\Users\Administrator\PycharmProjects\接口自动化项目\Test.py
```

3.3.6 使用 os.path.exists() 方法判断路径是否存在

在实际项目中，如果要读取某文件中的内容，那么首先要判断项目中的目录或文件是否存在，如果不存在的话，直接读取就会造成程序的异常。可以用 os 库中 path 子模块中的 os.path.exists() 方法先判断路径是否存在，如例 3-14 所示。

【例 3-14】使用 os.path.exists() 方法判断文件或目录是否存在。

```python
# 导入 os 库
import os
# 返回的 .py 文件的绝对路径（完整路径）
conf_file = os.path.abspath(__file__)
# 返回 .py 文件所在的目录
conf_path = os.path.dirname(conf_file)
# 通过 os.path.join() 方法来拼接 .py 文件的绝对路径（完整路径）
conf_file1 = os.path.join(conf_path,"score001.xlsx")
# 返回 .py 文件所在目录的上一级目录
conf_path1 = os.path.dirname(os.path.dirname(conf_path))
# 通过 os.sep 的方式来连接 .py 文件所在的绝对路径（完整路径）
```

```
    conf_file2 = conf_path1 + os.sep + "接口自动化" + os.sep +
"score001.xlsx"
    # 通过os.path.exists(conf_file)判断文件是否存在
    res_file = os.path.exists(conf_file)
    print(res_file)
    # 通过os.path.exists(conf_path)判断目录是否存在
    res_dir = os.path.exists(conf_path)
    print(res_dir)
    # 通过os.path.isfile(conf_file1)判断是否为文件
    is_file = os.path.isfile(conf_file1)
    print(is_file)
    # 通过os.path.isdir(conf_path1)判断是否为目录
    is_dir = os.path.isdir(conf_path1)
    print(is_dir)
```

运行结果如下：

```
True
True
False
True
```

更多说明：如果结果为 True，则代表目录或文件存在；如果结果为 False 时，则代表目录或文件不存在。

第 4 章 使用 logging 库记录日志信息

logging 库为 Python 内置库，无须额外安装，logging 库提供日志打印功能。logging 库不仅能打印日志到文件，还能打印到控制台。在接口测试中，通常会使用 logging 库来查看测试用例的运行情况及参数、变量等对象的适配情况。

4.1 logging 库的基本使用

4.1.1 日志等级说明

在自动化测试过程中，可以设置输出日志的等级，根据不同的等级查看测试用例的运行情况及参数、变量等情况。logging 日志一般分为 5 个常用等级，如表 4-1 所示。

表 4-1 日志等级说明

日志等级	描述
DEBUG	最详细的日志信息，程序调试 bug 时使用
INFO	信息详细程度仅次于 DEBUG，程序正常运行时使用
WARNING	某些不期望的事情发生时记录的信息，但并不是错误
ERROR	由于严重的问题导致不能正常运行时记录的信息，即出错时使用
CRITICAL	特别严重的问题，导致程序不能再继续运行时使用，很少使用该等级

日志等级从低到高的顺序是 DEBUG < INFO < WARNING < ERROR < CRITICAL，只有级别高于或等于该指定日志级别的日志记录才会被输出，低于该等级的日志记录将会被丢弃。

4.1.2 日志的常用函数

在日志记录过程中，只有通过日志函数才能输出日志信息，当出现问题时可以通过查看日志进行分析。logging 日志常用的函数有 6 个，如表 4-2 所示。

表 4-2　日志的常用函数

函数	说明
logging.basicConfig(**kwargs)	对 root logger 进行一次性配置
logging.debug(msg, *args, **kwargs)	严重级别为 DEBUG 的日志
logging.info(msg, *args, **kwargs)	严重级别为 INFO 的日志
logging.warning(msg, *args, **kwargs)	严重级别为 WARNING 的日志
logging.error(msg, *args, **kwargs)	严重级别为 ERROR 的日志
logging.critical(msg, *args, **kwargs)	严重级别为 CRITICAL 的日志

其中，logging.basicConfig(**kwargs) 函数用于指定要记录的日志级别、日志格式、日志输出位置、日志文件的打开模式等信息，其他几个都是用于记录各个级别日志的函数。

4.1.3 日志常用的输出格式

在实际的测试项目中，需要通过日志的输出格式去记录日志，包括记录的时间、进程号、日志的等级、出现的对应文件及行号等，以帮助我们定位问题、分析过程。这里仅列举出 logging 模块中定义好的可以用于 format 格式字符串中的 6 个常用字段，如表 4-3 所示。

表 4-3 日志常用的输出格式

字段 / 属性名称	使用格式	描述
asctime	%(asctime)s	打印日志的时间
levelname	%(levelname)s	打印当前执行程序名
levelno	%(levelno)s	打印日志的当前行号
message	%(message)s	打印日志级别名称
filename	%(filename)s	打印日志信息
process	%(process)d	打印进程的 ID 号

4.1.4 basicConfig() 方法的使用

在 logging 库中，可以通过 basicConfig() 方法直接对日志的输出格式和方法进行配置，以实现快速打印日志到标准输出中，如例 4-1 所示。

【例 4-1】使用 basicConfig() 方法快速打印日志。

```
# 导入 logging 库
import logging

'''
通过 basicConfig() 方法控制日志输出
level 参数用来设置日志输出级别，此例日志级别为 INFO
低于 INFO 级别的日志都不会打印，而 format 参数用设置日志输出格式
'''
logging.basicConfig(
    level=logging.INFO,
    format='%(asctime)s - %(filename)s[line:%(lineno)d] -
        %(levelname)s: %(message)s')
```

```python
if __name__ == "__main__":
    logging.debug('----- 调试信息 [debug]-----')
    logging.info('----- 有用的信息 [info]-----')
    logging.warning('----- 警告信息 [warning]-----')
    logging.error('----- 错误信息 [error]-----')
    logging.critical('----- 严重错误信息 [critical]-----')
```

运行结果如下:

```
2020-09-24 15:22:42,847 - Test.py[line:13] - INFO: -----有用的信息 [info]-----

2020-09-24 15:22:42,848 - Test.py[line:14] - WARNING: ----- 警告信息 [warning]-----

2020-09-24 15:22:42,848 - Test.py[line:15] - ERROR: -----错误信息 [error]-----

2020-09-24 15:22:42,848 - Test.py[line:16] - CRITICAL: ----- 严重错误信息 [critical]-----
```

4.2 将日志输出到控制台和文件

4.2.1 将日志输出到控制台

在项目测试的初期，需要随时对代码进行调试和修改，调试的结果可以直接通过日志输出到控制台，这是最简便的方式。如需将程序的日志消息输出到控制台，可以通过 StreamHandler() 方法创建控制台实例，并通过 addHandler() 方法将控制台实例增加到日志对象中，以实现日志输出到控制台，如例 4-2 所示。

【例 4-2】将日志输出到控制台。

```
# 导入 logging 库
import logging
# 创建 logger 对象
logger = logging.getLogger('test_logger')
# 设置日志输出等级总开关
logger.setLevel(logging.DEBUG)
# 创建控制台实例
sh = logging.StreamHandler()
# 设置控制台输出的日志级别
sh.setLevel(logging.DEBUG)
# 设置控制台输出的日志格式
formatter = logging.Formatter('%(asctime)s - %(name)s - %(levelname)s - %(message)s')
sh.setFormatter(formatter)
# 加载控制台实例到 logger 对象中
logger.addHandler(sh)
if __name__ == "__main__":
    logging.debug('----- 调试信息 [debug]-----')
    logging.info('----- 有用的信息 [info]-----')
    logging.warning('----- 警告信息 [warning]-----')
    logging.error('----- 错误信息 [error]-----')
    logging.critical('----- 严重错误信息 [critical]-----')
```

运行结果如下：

```
WARNING:root:----- 警告信息 [warning]-----
ERROR:root:----- 错误信息 [error]-----
CRITICAL:root:----- 严重错误信息 [critical]-----
```

更多说明：默认只输出到控制台的时候，只显示 WARNING 以上级别的日志。

4.2.2 将日志输出到文件

在项目完成的后期，需要记录的不仅仅是某个程序片段运行的情况，还包括整套程序的运行情况，此时可以将日志输出到文件，以方便保存和后期查验。如需将程序的日志消息输出到文件，可以通过 FileHandler() 方法创建文件实例，并通过 addHandler() 方法将文件实例增加到日志对象中，以实现日志标准输出到文件，如例 4-3 所示。

【例 4-3】日志输出到文件。

```
# 导入 logging 库
import logging
# 创建 logger 对象
logger = logging.getLogger('test_logger')
# 设置日志输出等级总开关
logger.setLevel(logging.DEBUG)
'''
创建一个文件实例，如果 api.log 文件不存在，就会自动创建；
mode 参数设置为追加；另外为防止乱码，encoding 参数设置为 utf8 编码格式
'''
```

```
fh = logging.FileHandler('api.log',mode='a',encoding='utf-8')
# 设置向文件输出的日志级别
fh.setLevel(logging.DEBUG)
# 设置向文件输出的日志格式
formatter = logging.Formatter('%(asctime)s - %(name)s - %(levelname)s - %(message)s')
fh.setFormatter(formatter)
# 加载文件实例到 logger 对象中
logger.addHandler(fh)
if __name__ == "__main__":
    logger.debug('----- 调试信息 [debug]-----')
    logger.info('----- 有用的信息 [info]-----')
    logger.warning('----- 警告信息 [warning]-----')
    logger.error('----- 错误信息 [error]-----')
    logger.critical('----- 严重错误信息 [critical]-----')
```

运行结果如图 4-1 所示。

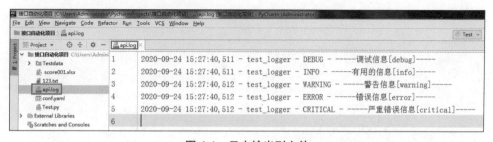

图 4-1 日志输出到文件

更多说明：从运行的结果可以看到，在项目的根目录下生成了 api.log 文件，并在文件中生成了日志内容。

4.2.3 将日志同时输出到控制台和文件

在项目的实施过程中，如果既想通过控制台直接查看日志，又想将输出的日志进行保存，则可以将日志同时输出到控制台和文件。logging 库中，logger 对象可以通过 addHandler() 方法增加多个 handler 对象，来处理这种场景，如例 4-4 所示。

【例 4-4】日志同时输出到控制台和文件。

```
# 导入 logging 库
import logging
# 创建 logger 对象
logger = logging.getLogger('test_logger')
# 设置日志输出等级总开关
logger.setLevel(logging.DEBUG)
# 创建控制台实例
sh = logging.StreamHandler()
'''
创建一个文件实例，如果 api.log 文件不存在，就会自动创建
mode 参数设置为追加；另外为防止乱码，encoding 参数设置为 utf-8 编码格式
'''
fh = logging.FileHandler('api.log',mode='a',encoding='utf-8')
# 设置控制台输出的日志级别
sh.setLevel(logging.DEBUG)
# 设置向文件输出的日志级别
```

```python
fh.setLevel(logging.DEBUG)
# 统一设置日志的输出格式
formatter = logging.Formatter('%(asctime)s - %(name)s - %(levelname)s - %(message)s')
# 设置向控制台输出的日志格式
sh.setFormatter(formatter)
# 设置向文件输出的日志格式
fh.setFormatter(formatter)
# 加载控制台实例到 logger 对象中
logger.addHandler(sh)
# 加载文件实例到 logger 对象中
logger.addHandler(fh)
if __name__ == "__main__":
    logger.debug('----- 调试信息 [debug]-----')
    logger.info('----- 有用的信息 [info]-----')
    logger.warning('----- 警告信息 [warning]-----')
    logger.error('----- 错误信息 [error]-----')
    logger.critical('----- 严重错误信息 [critical]-----')
```

运行结果如图 4-2 所示。

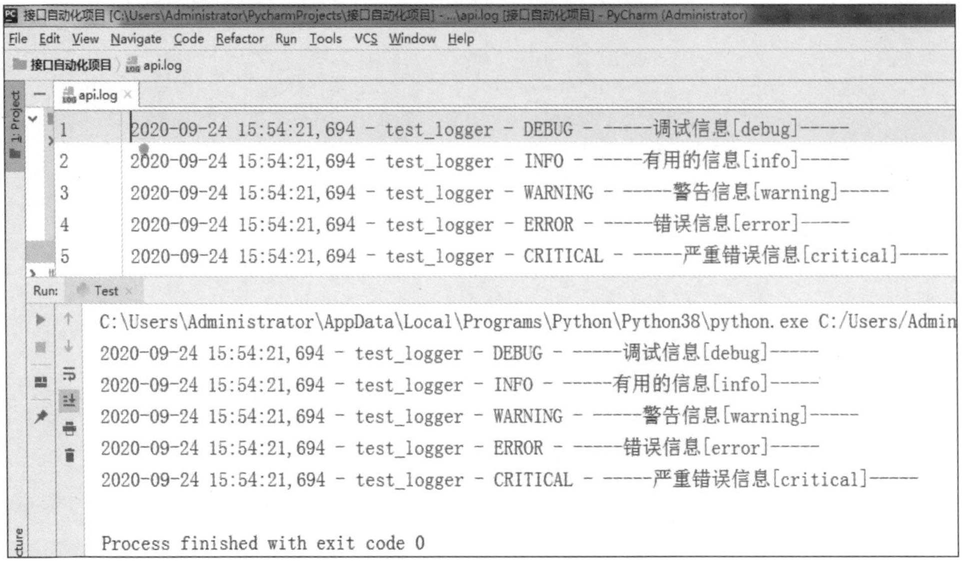

```
接口自动化项目 [C:\Users\Administrator\PycharmProjects\接口自动化项目] - ...\api.log [接口自动化项目] - PyCharm (Administrator)
File Edit View Navigate Code Refactor Run Tools VCS Window Help
接口自动化项目  api.log
api.log
1  2020-09-24 15:54:21,694 - test_logger - DEBUG - -----调试信息[debug]-----
2  2020-09-24 15:54:21,694 - test_logger - INFO - -----有用的信息[info]-----
3  2020-09-24 15:54:21,694 - test_logger - WARNING - -----警告信息[warning]-----
4  2020-09-24 15:54:21,694 - test_logger - ERROR - -----错误信息[error]-----
5  2020-09-24 15:54:21,694 - test_logger - CRITICAL - -----严重错误信息[critical]-----

Run:    Test
C:\Users\Administrator\AppData\Local\Programs\Python\Python38\python.exe C:/Users/Admin
2020-09-24 15:54:21,694 - test_logger - DEBUG - -----调试信息[debug]-----
2020-09-24 15:54:21,694 - test_logger - INFO - -----有用的信息[info]-----
2020-09-24 15:54:21,694 - test_logger - WARNING - -----警告信息[warning]-----
2020-09-24 15:54:21,694 - test_logger - ERROR - -----错误信息[error]-----
2020-09-24 15:54:21,694 - test_logger - CRITICAL - -----严重错误信息[critical]-----

Process finished with exit code 0
```

图 4-2　日志同时输出到控制台和文件

更多说明：从运行的结果可以看到，在项目的根目录下生成了 api.log 文件，并在文件中生成了日志内容。同时 PyCharm 编辑器的控制台中也输出同样的日志信息。

4.3　日志记录实例应用

接下来通过一个程序片段来演示日志记录的过程，如例 4-5 所示。

【例 4-5】日志记录过程。

```
# 导入 logging 库

import logging

# 创建 logger 对象

logger = logging.getLogger('test_logger')
```

```python
# 设置日志输出等级总开关
logger.setLevel(logging.DEBUG)
# 创建控制台实例
sh = logging.StreamHandler()
# 设置控制台输出的日志级别
sh.setLevel(logging.DEBUG)
# 设置控制台输出的日志格式
formatter = logging.Formatter('%(asctime)s - %(name)s - %(levelname)s - %(message)s')
sh.setFormatter(formatter)
# 加载控制台实例到 logger 对象中
logger.addHandler(sh)
# 加入异常处理机制
try:
    # 本例中设置了一个并不存在的文件路径，通过 open() 函数打开它
    open('/path/to/does/not/exist', 'rb')
    # 当文件存在时程序不会产生异常，以下日志信息将输出到控制台
    logger.info(' 文件正常打开啦 ')
except Exception as e:
    # 当文件不存在时将产生异常，以下错误日志信息将输出到控制台
    logger.error(' 很抱歉，文件打开失败了 ')
```

运行结果如下:

```
2020-09-24 15:51:38,265 - test_logger - ERROR - 很抱歉，文件打开失败了
```

更多说明：

- 通过运行的结果可以看到，控制台输出了程序产生错误的日志。
- 通常会使用 logger.error 记录程序错误的日志，使用 logger.info 记录程序正常运行过程。

第 5 章　使用 PyMySQL 库操纵数据库

PyMySQL 库为 Python 的第三方库，可用来对 MySQL 数据库进行增删改查的操作，在接口测试当中，测试人员往往会利用 PyMySQL 库中的方法读取 MySQL 数据库中的测试用例，并且将测试执行的结果回写到数据库中。本章将学习 PyMySQL 库的基本使用方法。

本章视频二维码

5.1　PyMySQL 库的安装

PyMySQL 库的安装命令为 pip3 install pymysql。PyMySQL 库安装结果如图 5-1 所示，从图 5-1 可以看到，末尾一行提示已安装完成。

图 5-1　PyMySQL 库安装结果

5.2　验证 PyMySQL 库是否安装成功

PyMySQL 库安装完成后，通过 PyCharm 导入 PyMySQL 库，并通过 dir()

函数查看 PyMySQL 库的方法。如果能正常输出 PyMySQL 库的方法，则表明 PyMySQL 库安装成功。如图 5-2 所示，可以看到 PyCharm 的控制台已输出了 PyMySQL 库的方法，这说明 PyMySQL 库已安装成功，并可以正常使用。

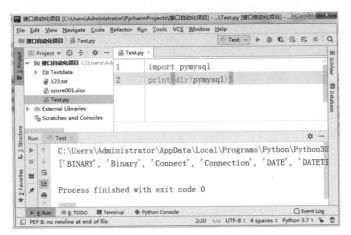

图 5-2　查看 PyMySQL 库的方法

5.3　连接数据库前的准备工作

使用 PyMySQL 库来操作数据库的数据，需要进行以下准备工作。

（1）已经创建了数据库实例。第 1 章在安装 ZrLog 项目的时候已安装 MySQL 数据库，并在 MySQL 数据库中为 ZrLog 系统创建了一个名为 zrlog 的数据库实例，注意此实例名需要全部小写。

（2）拥有访问数据库的账号、密码、数据库的端口号及数据库所在的 IP 地址，并且连接数据库，具备访问权限。第 1 章在安装 MySQL 数据库时已为数据库设置一个可远程访问的用户（用户名为 root，密码为 123456），数据库的端口号为 33506，IP 地址为 192.168.47.128。

（3）登录 ZrLog 系统后台页面，并在文章管理模块添加三条记录，具体记录如图 5-3 所示。

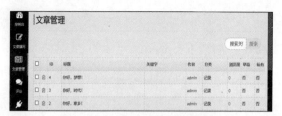

图 5-3 添加记录到文章管理模块

（4）通过 Navicat 客户端工具连接 MySQL 数据库，连接信息如图 5-4 所示。

图 5-4 通过 Navicat 客户端连接 MySQL 数据库

（5）连接成功后，找到 zrlog 数据库实例，并打开 log 表，此表记录的正是文章管理模块的数据，如图 5-5 所示。

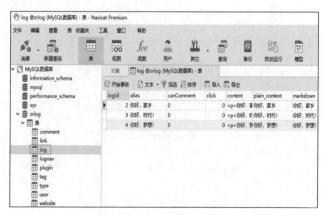

图 5-5 log 表的数据记录

（6）在计算机上已安装 PyMySQL 库，5.1 节已成功安装了 PyMySQL 库。

（7）能使用 MySQL 的基本 SQL 语法。

至此，PyMySQL 库连接数据库的准备工作已完成。

5.4 通过 PyMySQL 库操纵 Zrlog 数据库实例

5.4.1 通过 fetchone() 方法读取表中数据

在实际项目中，测试人员设计好测试用例后，会把测试用例导入数据库的表中进行存储（有关 ZrLog 系统测试用例的导入将在第 7 章说明和讲解）；在程序执行阶段，就可以直接读取表中的测试用例进行执行。那么如何读取数据库表中的数据？在 PyMySQL 库中可以使用 fetchone() 方法来读取，fetchone() 方法每次可以从表中获取一条数据记录，如例 5-1 所示。

【例 5-1】使用 fetchone() 方法从表中获取一条数据记录。

```
# 导入 PyMySQL 库
import pymysql
# 创建数据库对象
db = pymysql.connect(
                # 设置数据库主机的地址
                host = "192.168.47.128",
                # 设置数据库的用户名
                user = "root",
                # 设置数据库的密码
```

```
                    password = "123456",
                    # 设置数据库的名称
                    database = "zrlog",
                    # 设置数据库的字符集
                    charset = "utf8",
                    # 设置数据库的端口号
                    port =33506
                    )
# 创建SQL游标对象，游标对象主要用来执行SQL语句
cursor = db.cursor()
# 要执行的SQL语句
sql = "select * from log"
# 使用execute()方法执行SQL语句
cursor.execute(sql)
# 使用fetchone()方法一次性获取一条数据
res = cursor.fetchone()
# 打印获取的数据
print(res)
# 关闭游标对象
cursor.close()
# 关闭database对象
db.close()
```

运行结果如下:

```
    (2, '你好,家乡', b'\x00', 0, '<p>你好,家乡</p>\n',
'你好,家乡', '你好,家乡', '<p>你好,家乡</p>', None, None,
b'\x00', datetime.datetime(2021, 4, 23, 13, 9, 26), datetime.
datetime(2021, 4, 23, 13, 9, 42), '你好,家乡!', 1, 1, None,
b'\x00', b'\x00', 'html')
```

更多说明:

- 使用 fetchone() 方法可一次性获取一条记录,每一条记录是一个元组形式的数据。每获取一条记录,游标会往前移动一格,等待获取下一条记录。由于游标的向下移动,所以每次使用 fetchone() 方法获取的记录均是下一条数据记录。

- 使用 fetchmany(number) 方法可一次性获取指定条数的记录,其中 number 为要指定的条数,每次获取数据后,光标都会下移。

- 使用 fetchall() 方法可一次性获取表中所有记录,如再次使用 fetchall() 方法,将获取不到数据。

- 在建立游标对象时可设置游标类型为 DictCursor 类型,如 cursor = db.cursor(pymysql.cursors.DictCursor),那么获取数据时将以字典的形式返回操作结果。

5.4.2 通过 execute() 方法执行数据回写

在实际项目中,当测试执行完成之后,就需要将测试执行的结果回写到数据库的表中,以便后期统一查看。那么如何将数据回写到数据库的表中呢?在 PyMySQL 库中可以使用 execute() 方法执行 insert into 语句来实现,如例 5-2 所示。

【例 5-2】使用 execute() 方法执行 insert into 语句回写数据。

```
# 导入 PyMySQL 库
```

```python
import pymysql
# 创建数据库对象
db = pymysql.connect(
                    # 设置数据库主机的地址
                    host = "192.168.47.128",
                    # 设置数据库的用户名
                    user = "root",
                    # 设置数据库的密码
                    password = "123456",
                    # 设置数据库的名称
                    database = "zrlog",
                    # 设置数据库的字符集
                    charset = "utf8",
                    # 设置数据库的端口号
                    port =33506
                    )
# 创建 SQL 游标对象，游标对象主要用来执行 SQL 语句
cursor = db.cursor()
'''
要执行的 SQL 语句，并通过 insert into 语句向 log 表插入数据
这里仅仅插入了四个列的数据，其他的列默认为 null 值
其中，logId 列为主键，这一列的值是不能重复的
```

```
'''
sql = "insert into log set logId=5,title='你好,希望',alias='你好,希望',content='你好,希望'"
# 使用execute()方法执行SQL语句
cursor.execute(sql)
# 默认情况下MySQL的事物机制是开启的,需要使用commit()方法进行数据提交
db.commit()
# 关闭游标对象
cursor.close()
# 关闭database对象
db.close()
```

运行结果如图5-6所示。

图5-6　程序运行结果

更多说明：通过Navicat客户端查询到的数据可以看到，log表中已成功插入了一条新的数据。

5.4.3　通过 rollback() 方法执行数据回滚

在实际项目中，当测试人员把结果回写到数据库时，因为各种原因可能会导致数据回写失败和异常，此时就需要将已回写的数据统一撤回（回滚），以保证数据的完整性和统一性。那么如何执行数据的回滚呢？在 PyMySQL 库中可以使用 rollback() 方法来执行，如例 5-3 所示。

【例 5-3】使用 rollback() 方法执行数据回滚。

```
# 导入 PyMySQL 库
import pymysql
# 创建数据库对象
db = pymysql.connect(
                # 设置数据库主机的地址
                host = "192.168.47.128",
                # 设置数据库的用户名
                user = "root",
                # 设置数据库的密码
                password = "123456",
                # 设置数据库的名称
                database = "zrlog",
                # 设置数据库的字符集
                charset = "utf8",
                # 设置数据库的端口号
                port =33506
```

)

创建SQL游标对象，游标对象主要用来执行SQL语句

cursor = db.cursor()

'''

要执行的SQL语句，这里有两条SQL语句，分别是sql_001和sql_002

sql_001可以正常执行，因为主键列logId=6，其值不重复

sql_002不能正常执行，因为主键列logId=2，其值重复，将产生异常

'''

sql_001 = "insert into log set logId=6,title='你好,帅哥',alias='你好,帅哥',content='你好,帅哥'"

sql_002 = "insert into log set logId=2,title='你好,美女',alias='你好,美女',content='你好,美女'"

加入try和except异常检测机制

try:

    # 使用execute()方法执行sql_001语句

    cursor.execute(sql_001)

    # 使用execute()方法执行sql_002语句，此语句执行将会产生异常

    cursor.execute(sql_002)

    # 默认情况下MySQL的事务机制是开启的，需要使用commit()方法进行数据提交

    db.commit()

except:

    '''

```
    若 sql_001 和 sql_002 任意语句执行异常，则结果统一撤回（回滚）
    若 sql_001 语句执行正常、sql_002 语句执行异常
    sql_001 语句执行的结果也不会记录到数据当中，这就是回滚的作用
    '''
    db.rollback()
# 关闭游标对象
cursor.close()
# 关闭 database 对象
db.close()
```

运行结果如图 5-7 所示。

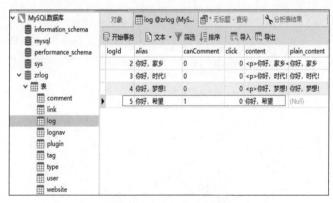

图 5-7　程序运行结果

更多说明：

- 通过 Navicat 客户端查询到的数据可以看到，log 表中并无新的数据插入。
- commit() 方法和 rollback() 通常用于 MySQL 事物机制当中，它们的作用是：当一组 SQL 语句要执行增删改操作的时候，要么全部执行成功，要么全部执行失败。这样能避免写入直接操作数据文件，写入直接操作

数据文件是一件非常危险的事情，遇到突发事故时，如果没有数据文件对比，就会导致数据无法还原。

5.4.4 通过 execute() 方法执行数据删除

在实际项目中，当测试工作结束后，如果发现数据库当中产生了冗余的数据，应当及时删除，以免影响结果的查看。那么如何删除数据库中表的记录呢？在 PyMySQL 库中可以使用 execute() 方法执行 delete 语句来实现，如例 5-4 所示。

【例 5-4】使用 execute() 方法执行 delete 语句进行数据删除。

```
# 导入 PyMySQL 库
import pymysql
# 创建数据库对象
db = pymysql.connect(
                    # 设置数据库主机的地址
                    host = "192.168.47.128",
                    # 设置数据库的用户名
                    user = "root",
                    # 设置数据库的密码
                    password = "123456",
                    # 设置数据库的名称
                    database = "zrlog",
                    # 设置数据库的字符集
                    charset = "utf8",
                    # 设置数据库的端口号
```

```
                    port =33506
                )
# 创建SQL游标对象，游标对象主要用来执行SQL语句
cursor = db.cursor()
# 要执行的SQL，并通过delete语句删除log表中的数据
sql = 'delete from log where alias = "你好，希望"'
# 使用execute()方法执行SQL语句
cursor.execute(sql)
# 默认情况下MySQL的事务机制是开启的，需要使用commit()方法提交删除操作
db.commit()
```

运行结果如图5-8所示。

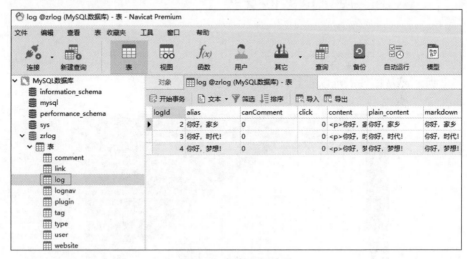

图5-8　程序运行结果

更多说明：通过Navicat客户端查询到的数据可以看到，log表中"你好，希望"这条记录已被删除。

第 6 章　应用 pytest 测试框架

pytest 是一款优秀、成熟的 Python 测试框架，应用范围十分广泛，且简单易用、容易上手。在接口自动化框架测试中，会使用 pytest 进行参数化，其参数化的粒度可以很好地控制要运行的测试用例等。pytest 允许直接使用原生 assert 对测试用例进行断言，其断言操作的过程简单、灵活和高效。此外，pytest 框架会自动搜索被测文件，以及控制类方法和函数的执行规则。pytest 还可以与 Requests 库完美结合，构建自动化框架。本章将通过实例带读者一起应用 pytest 测试框架。

6.1　pytest 测试框架的安装

pytest 测试框架的安装命令为 pip3 install pytest。安装过程及结果如图 6-1、图 6-2 所示。从图 6-2 可以看到，末尾一行提示已安装完成。

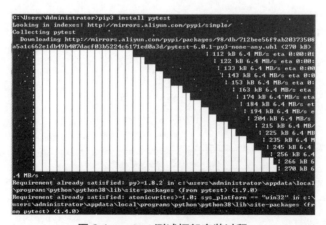

图 6-1　pytest 测试框架安装过程

```
Requirement already satisfied: pluggy<1.0,>=0.12 in c:\users\administrator\appda
ta\local\programs\python\python38\lib\site-packages (from pytest) (0.13.1)
Requirement already satisfied: attrs>=17.4.0 in c:\users\administrator\appdata\l
ocal\programs\python\python38\lib\site-packages (from pytest) (19.3.0)
Collecting iniconfig
  Downloading http://mirrors.aliyun.com/pypi/packages/20/46/d2f4919cc48c39c2cb48
b589ca9016aae6bad050b8023667eb86950d3da2/iniconfig-1.0.1-py3-none-any.whl (4.2 k
B)
Requirement already satisfied: six in c:\users\administrator\appdata\local\progr
ams\python\python38\lib\site-packages (from packaging->pytest) (1.15.0)
Requirement already satisfied: pyparsing>=2.0.2 in c:\users\administrator\appdat
a\local\programs\python\python38\lib\site-packages (from packaging->pytest) (2.4
.7)
Installing collected packages: toml, iniconfig, pytest
Successfully installed iniconfig-1.0.1 pytest-6.0.1 toml-0.10.1
```

图 6-2　pytest 测试框架安装结果

6.2　验证 pytest 是否安装成功

　　pytest 测试框架安装完成后，通过 PyCharm 导入 pytest 测试框架，并通过 dir() 函数来查看 pytest 测试框架的方法，如果能正常输出 pytest 测试框架的方法，则表明 pytest 测试框架安装成功。从图 6-3 可以看到，PyCharm 的控制台已输出了 pytest 测试框架的方法，这说明 pytest 测试框架已安装成功，并可以正常使用。

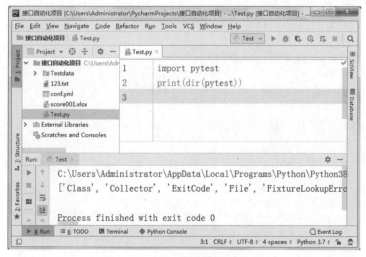

图 6-3　pytest 测试框架的方法

6.3 函数和方法的执行规则

6.3.1 函数的执行规则

在 pytest 测试框架中，接口用例可以直接封装在函数中，自动执行。但并不是每个函数都会自动执行，例如在很多的接口测试中，会碰到上下游接口有依赖关系，就需要设置动态参数来处理依赖关系。读取或处理动态参数的函数并不需要自动执行，而是需要间接被调用。那么在什么情况下函数会自动执行？什么情况下函数不会自动执行呢？pytest 测试框架都有它既定的执行规则。默认情况下，pytest 测试框架会选择以 test 打头的函数自动执行，而不以 test 打头的函数则不会被自动执行，如例 6-1 所示。

【例 6-1】以 test 打头的函数将自动执行。

```
# 导入 pytest 测试框架
import pytest
# 此函数以 test 打头，会被执行
def test_login():
    print('我是会被执行的。')
# 此函数以 test 打头，会被执行
def testlogin():
    print('我也是会被执行的。')
# 此函数不以 test 打头，不会被执行
def logintest():
    print('我也是会被执行的。')
# 此函数不以 test 打头，不会被执行
```

```
def login_test():
    print('我也是会被执行的。')
# 此函数不以 test 打头,不会被执行
def logintesting():
    print('我也是会被执行的。')
if __name__ == '__main__':
    '''
    运行方式,直接在文件内执行以下命令
    其中,-v 参数显示命令执行过程,-s 参数显示打印的信息
    如不加 -s 参数,则 print() 函数打印的信息不会显示
    '''
    pytest.main(['-s','-v', 'Test.py'])
```

运行结果如下:

```
Test.py::test_login 我是会被执行的。
PASSED
Test.py::testlogin 我也是会被执行的。
PASSED
```

更多说明:运行方式中,除了通过 pytest.main(['-s', '-v', 'Test.py'])的方式运行程序,还可以通过命令行方式(cmd)来运行程序,需要切换到 Test.py 文件所在目录下,直接执行 pytest -v -s Test.py 指令来运行程序,请读者自行尝试。

6.3.2 方法的执行规则

在 pytest 测试框架中，接口用例可以直接封装在函数中进行自动执行，但更多的是将接口测试用例封装在类的方法中。类似地，封装在类中的方法并不都会自动执行，pytest 测试框架同样有既定的执行规则。默认情况下，如果类名以 Test 打头（T 是大写），则此类下面的所有以 test 打头的方法会被执行，而不是以 test 打头的方法则不会被执行。如例 6-2 所示。

【例 6-2】类名以 Test 打头（T 是大写），类中所有以 test 打头的方法会自动执行。

```python
# 导入 pytest 测试框架
import pytest
# 定义 TestOrdering 类
class TestOrdering():
    # 定义 test_login() 方法
    def test_login(self):
        print(" 正在登录 ")
    # 定义 test_add() 方法
    def test_add(self):
        print(" 正在增加 ")
    # 定义 test_del() 方法
    def test_del(self):
        print(" 正在删除 ")
if __name__ == '__main__':
    '''
```

> 运行方式，直接在文件内执行以下命令
>
> 其中，-v 参数显示命令执行过程，-s 参数显示打印的信息
>
> 如不加 -s 参数，则 print() 函数打印的信息不会显示
>
> '''
>
> pytest.main(['-v','-s','Test.py'])

运行结果如下：

```
Test.py::TestOrdering::test_login 正在登录

PASSED

Test.py::TestOrdering::test_add 正在增加

PASSED

Test.py::TestOrdering::test_del 正在删除

PASSED
```

更多说明：

- ❏ 默认情况下，如果类名不以 Test 打头，则不管你的方法名是不是以 test 打头的，此类下面的所有方法均不会被执行；如果类名以 test 打头，因为 t 没有大写，则该类下面的所有方法还是不会被执行。

- ❏ 需要注意的是，类方法中的 t 必须是小写才会被执行，如果类方法采用大写的 T，则同样不会被自动执行。

6.4 参数化的应用

参数化是接口测试人员必须掌握的技能。在执行接口测试用例时，需要从数据库中读出所有的测试用例，但是接口测试用例需要一条一条执行，这个操作就可以用参数化技术来实现。

6.4.1 单个参数的参数化应用

在接口自动化测试当中,单个参数的参数化主要是将要读出的所有测试用例放到列表中,然后依次取到列表中每一个用例,并供函数使用,从而完成每一个用例的执行。在 pytest 测试框架中,单个参数的参数化语法如下:

```
@pytest.mark.parametrize(argnames,argvalues)
```

语法说明如下:

- ❑ @pytest.mark.parametrize:pytest 中的装饰器,可以实现测试用例的参数化。
- ❑ argnames:单个参数名。
- ❑ argvalues:参数值,类型为列表,列表当中可以包含字符串、元组及字典对象。

被参数化的内容可以是字符串、元组和字典,接下来分别介绍它们的用法。

1)被参数化的内容是字符串

单个参数被参数化时,如果列表中包含多个字符串对象,其参数化过程如例 6-3 所示。

【例 6-3】列表中的对象为字符串时的参数化。

```
# 导入 pytest 测试框架
import pytest
'''
一个参数的参数化,username 依次取列表中的字符串对象
通过 test_login() 函数依次打印出来
'''
@pytest.mark.parametrize("username",["jiangchu","jiangchang","youyuanyuan"])
```

```
def test_login(username):
    # print() 函数中的 f 表示格式化字符串
    print(f"登录成功：登录用户为 {username}")
if __name__ == '__main__':
    '''
    运行方式，直接在文件内执行以下命令
    -v 参数显示命令执行过程，-s 参数显示打印的信息
    如不加 -s 参数，则 print() 函数打印的信息不会显示
    '''
    pytest.main(['-v','-s','Test.py'])
```

运行结果如下：

```
Test.py::test_login[jiangchu] 登录成功：登录用户为 jiangchu
PASSED
Test.py::test_login[jiangchang] 登录成功：登录用户为 jiangchang
PASSED
Test.py::test_login[youyuanyuan] 登录成功：登录用户为 youyuanyuan
PASSED
```

更多说明：从本示例中可以看到，要参数化的值都放置在列表当中，列表中包含的对象均为字符串类型，而且从运行的结果可以看到，参数 username 每取到列表中的一个值时都会打印出来。

2）被参数化的内容是元组

单个参数被参数化时，如果列表当中包含多个元组对象，其参数化过程如例 6-4 所示。

【例6-4】列表中的对象为元组时的参数化。

```
# 导入pytest测试框架
import pytest
'''
一个参数的参数化，userid依次取列表中的两个元组对象
通过test_login()函数依次打印出来
'''
@pytest.mark.parametrize("userid",[(1,2),(3,4)])
def test_login(userid):
    # print()函数中的f表示格式化字符串
    print(f"登录成功：登录id为{userid}")
if __name__ == '__main__':
    '''
    运行方式，直接在文件内执行以下命令
    其中，-v参数显示命令执行过程，-s参数显示打印的信息
    如不加-s参数，则print()函数打印的信息不会显示
    '''
    pytest.main(['-v','-s','Test.py'])
```

运行结果如下：

```
Test.py::test_login[userid0] 登录成功：登录id为(1, 2)
PASSED
Test.py::test_login[userid1] 登录成功：登录id为(3, 4)
PASSED
```

更多说明：从本示例中可以看到，列表中包含的对象均为元组类型，而且从运行的结果可以看到，参数 userid 每取到列表中的一个元组时都会打印出来。

3）被参数化的内容是字典

单个参数被参数化时，如果列表当中包含多个字典对象，其参数化过程如例6-5所示。

【例6-5】列表中的对象为字典时的参数化。

```
# 导入pytest测试框架
import pytest
'''
一个参数的参数化，register 依次取列表中的两个字典对象
通过 test_register() 函数依次打印出来
'''
@pytest.mark.parametrize("register",[{'name':'zhangsan'},{'password':123456}])
def test_register (register):
    # print() 函数中的 f 表示格式化字符串
    print(f"注册成功：注册信息为{register}")
if __name__ == '__main__':
    '''
    运行方式，直接在文件内执行以下的命令
    其中，-v 参数显示命令执行过程，-s 参数显示打印的信息
    如不加 -s 参数，则 print() 函数打印的信息不会显示
    '''
    pytest.main(['-v','-s','Test.py'])
```

运行结果如下:

```
Test.py::test_register[register0] 注册成功:注册信息为{'name': 'zhangsan'}

PASSED

Test.py::test_register[register1] 注册成功:注册信息为{'password': 123456}

PASSED
```

更多说明:从本示例中可以看到,列表中包含的对象均为字典类型,而且从运行的结果可以看到,参数 register 每取到列表中的一个字典时都会打印出来。

6.4.2 多个参数的参数化应用

在接口自动化测试当中,随着测试的不断深入,接口测试用例中所包含的请求地址、请求头、请求的数据类型、请求的主体内容等均可以使用参数化,同时测试环境及相关配置也可以使用参数化。当测试用例及其他测试环境使用多个参数的参数化时,可以让程序的运行、维护变得更加高效和灵活。在语法使用方面,多个参数的参数化与单个参数的参数化并无太多区别,只是参数个数多了一些而已。在 pytest 测试框架中,多个参数的参数化语法如下。

```
@pytest.mark.parametrize(argnames001,argvalues)

@pytest.mark.parametrize(argnames002,argvalues)
```

或者:

```
@pytest.mark.parametrize(argnames001, argnames002, argnames)
```

语法说明如下:

❏ @pytest.mark.parametrize:pytest 中的装饰器,可以实现测试用例的参数化。

❏ argnames001:第一个参数名。

❑ argnames002：第二个参数名。

❑ argvalues：参数值，类型为列表，列表当中可以包含字符串和元组对象。

被参数化的内容可以是字符串和元组，接下来分别介绍它们的用法。

1）被参数化的内容是字符串

多个参数的参数化，当列表中包含多个字符串对象时，其参数化过程如例6-6所示。

【例6-6】列表中的对象为字符串时的参数化。

```
# 导入pytest测试框架
import pytest
'''
多个参数的参数化，且列表中的对象为字符串类型
参数化顺序，username取"jiangchu"时，password取"test1234"
username取"jiangchang"时，password取"test1234"
username取"youyuanyuan"时，password取"test1234"
username取"jiangchu"时，password取"test5678"
以此类推，取值顺序请查看运行结果
'''
@pytest.mark.parametrize("username",["jiangchu","jiangchang","youyuanyuan"])
@pytest.mark.parametrize("password",["test1234","test5678","test9876"])
def test_register(username,password):
    # 将会打印出九组数据
    print(f"登录成功：用户名为{username}，密码为{password}")
```

```
if __name__ == '__main__':
    '''
    运行方式，直接在文件内执行以下的命令
    其中，-v 参数显示命令执行过程，-s 参数显示打印的信息
    如不加 -s 参数，则 print() 函数打印的信息不会显示
    '''
    pytest.main(['-v','-s','Test.py'])
```

运行结果：

Test.py::test_register[test1234-jiangchu] 登录成功：用户名为 jiangchu，密码为 test1234

PASSED

Test.py::test_register[test1234-jiangchang] 登录成功：用户名为 jiangchang，密码为 test1234

PASSED

Test.py::test_register[test1234-youyuanyuan] 登录成功：用户名为 youyuanyuan，密码为 test1234

PASSED

Test.py::test_register[test5678-jiangchu] 登录成功：用户名为 jiangchu，密码为 test5678

PASSED

Test.py::test_register[test5678-jiangchang] 登录成功：用户名为 jiangchang，密码为 test5678

PASSED

```
Test.py::test_register[test5678-youyuanyuan]  登录成功：用户
名为 youyuanyuan，密码为 test5678

PASSED

Test.py::test_register[test9876-jiangchu]  登录成功：用户名为
jiangchu，密码为 test9876

PASSED

Test.py::test_register[test9876-jiangchang]  登录成功：用户名
为 jiangchang，密码为 test9876

PASSED

Test.py::test_register[test9876-youyuanyuan]  登录成功：用户
名为 youyuanyuan，密码为 test9876

PASSED
```

更多说明：从本示例中可以看到，列表中包含的对象均为字符串类型；而且从运行的结果可以看到，参数 username、password 并不同步取值，而是交替取值，并打印出来 9 组数据。

2）被参数化的内容是元组

多个参数的参数化，当列表中包含多个元组对象时，其参数化过程如例 6-7 所示。

【例 6-7】列表中的对象为元组时的参数化。

```
# 导入 pytest 测试框架
import pytest

'''
多个参数的参数化，列表中的对象为元组

参数化顺序为 username 和 password 同步取值
```

```
'''
@pytest.mark.parametrize("username,password",[("hua","te1
2"),("liu","te56")])
def test_register(username,password):
    # 将会打印出两组数据
    print(f"登录成功：用户名为 {username}，密码为 {password}")
if __name__ == '__main__':
    '''
    运行方式，直接在文件内执行以下的命令
    其中，-v 参数显示命令执行过程，-s 参数显示打印的信息
    如不加 -s 参数，则 print() 函数打印的信息不会显示
    '''
    pytest.main(['-v','-s','Test.py'])
```

运行结果如下：

```
Test.py::test_register[hua-te12] 登录成功：用户名为 hua，密码为 te12
PASSED
Test.py::test_register[liu-te56] 登录成功：用户名为 liu，密码为 te56
PASSED
```

更多说明：从本示例中可以看到，列表中包含的对象均为元组类型；而且从运行的结果可以看到，参数 username、password 并不是交替取值而是同步取值，并打印出来两组数据。

6.5　使用 assert 原生断言

断言是接口自动化测试的最终目的，一个接口用例如果没有断言，就失去了自动化测试的意义。pytest 测试框架中使用 Python 的原生关键字 assert 进行断言，断言的过程就是将接口测试的实际结果与预期结果对比，如果对比发现一致，则表明测试用例执行通过；如果对比发现不一致，则表明测试用例执行不通过。在接口自动化测试中，常用的断言方法有 5 种，具体如下。

- assert x：断言 x 为真。
- assert not x：断言 x 不为真。
- assert x in y：断言 y 包含 x。
- assert x == y：断言 x 等于 y。
- assert x != y：断言 x 不等于 y。

不同接口测试用例会使用不同的断言方法，接下来分别介绍它们的用法，参见例 6-8 至例 6-12。

1）断言 x 为真

【例 6-8】断言 x 为真。

```
# 导入 pytest 测试框架

import pytest

# 定义整型变量

x = 1

# 定义一个测试用例

def test_int_001():
    # 断言 x 是否为真
```

```
    assert x
if __name__ == '__main__':
    # 运行的结果应该是测试用例通过
    pytest.main(['-s','-v','Test.py'])
```

运行结果如下:

```
Test.py::test_int_001 PASSED
```

更多说明:在 Python 3.x 中,True 和 False 都是关键字,并且总是等于 1 和 0,所以 x=1 就相当于 x=True。

2)断言 x 不为真

【例 6-9】断言 x 不为真。

```
# 导入 pytest 测试框架
import pytest
# 定义整型变量
x = 0
# 定义一个测试用例
def test_int_002():
    # 断言 x 是否为真
    assert not x
if __name__ == '__main__':
    # 运行的结果应该是测试用例通过
    pytest.main(['-s','-v','Test.py'])
```

运行结果如下:

```
Test.py::test_int_002 PASSED
```

更多说明：在 Python 3.x 中，True 和 False 都是关键字，并且总是等于 1 和 0，所以 x=0 就相当于 x=False。

3）断言 y 包含 x

【例 6-10】断言 y 包含 x。

```python
# 导入 pytest 测试框架
import pytest
# 定义字符串变量
x = 'th'
y = 'python'
# 定义第一个测试用例
def test_str_001():
    # 断言 y 是否包含 x
    assert x in y
# 定义第二个测试用例
def test_str_002():
    # 断言 x 是否包含 y
    assert y in x
if __name__ == '__main__':
    # 运行的结果应该是第一个测试用例通过，第二个测试用例不通过
    pytest.main(['-s','-v','Test.py'])
```

运行结果如下：

```
Test.py::test_str_001 PASSED
```

```
Test.py::test_str_002 FAILED
```

更多说明：x 和 y 进行对比时要注意，两边的数据类型要保持一致才能进行对比，如果类型不一致，则会导致断言失败，测试执行不通过。

4）断言 x 等于 y

【例 6-11】断言 x 等于 y。

```
# 导入 pytest 测试框架
import pytest
# 定义三个字符串变量
x = 'python'
y = 'python'
z = 'java'
# 定义第一个测试用例
def test_str_001():
    # 断言 x 是否等于 y
    assert x == y
# 定义第二个测试用例
def test_str_002():
    # 断言 x 是否等于 z
    assert x == z
if __name__ == '__main__':
    # 运行的结果应该是第一个测试用例通过，第二个测试用例不通过
    pytest.main(['-s','-v','Test.py'])
```

运行结果如下：

```
Test.py::test_str_001 PASSED

Test.py::test_str_002 FAILED
```

5）断言 x 不等于 y

【例 6-12】断言 x 不等于 y。

```python
# 导入 pytest 测试框架
import pytest
# 定义三个字符串变量
x = 'python'
y = 'python'
z = 'java'
# 定义第一个测试用例
def test_str_001():
    # 断言 x 是否不等于 y
    assert x != y
# 定义第二个测试用例
def test_str_002():
    # 断言 x 是否不等于 z
    assert x != z
if __name__ == '__main__':
    # 运行的结果是第一个测试用例不通过，第二个测试用例通过
    pytest.main(['-s','-v','Test.py'])
```

运行结果如下:

```
Test.py::test_str_001 FAILED

Test.py::test_str_002 PASSED
```

6.6 pytest 的 setup 和 teardown 方法

在接口自动化测试中,用 setup 方法可以进行测试前的初始化、参数配置等工作,用 teardown 方法可以进行测试后的清理、还原、退出等工作。pytest 测试框架提供了 5 种类型的 setup 和 teardown 的方法,具体如下。

- ❑ 模块级别:setup_module()、teardown_module()。
- ❑ 函数级别:setup_function()、teardown_function()。
- ❑ 类级别:setup_class()、teardown_class()。
- ❑ 类方法级别:setup_method()、teardown_method()。
- ❑ 类方法细化级别:setup()、teardown()。

不同级别的方法运行时会产生不同的效果,接下来分别介绍它们的用法。

6.6.1 模块级别

setup_module() 和 teardown_module() 方法属于模块级别的方法,是全局的,在模块运行前执行一次 setup_module() 方法,在模块运行后执行一次 teardown_module() 方法,如例 6-13 所示。

【例 6-13】setup_module() 和 teardown_module() 方法执行规则。

```
# 导入 pytest 测试框架
import pytest
```

```python
# 定义setup_module()方法
def setup_module():
    print('这是测试用例的前置')
# 定义teardown_module()方法
def teardown_module():
    print('这是测试用例的后置')
# 定义函数级别的测试用例
def test01():
    print('用例01')
# 定义函数级别的测试用例
def test02():
    print('用例02')


if __name__ == '__main__':
    # 执行main函数
    pytest.main(["-v", "-s","Test.py"])
```

运行结果如下:

```
Test.py::test01 这是测试用例的前置
用例01
PASSED
Test.py::test02 用例02
PASSED 这是测试用例的后置
```

更多说明：从运行的结果可以看到，setup_module() 方法和 teardown_module() 方法在整个 py 文件的前后各运行了一次。

6.6.2 函数级别

setup_function() 和 teardown_function() 方法属于函数级别的，只对函数用例生效（不在类中）。每个函数级别用例开始前都执行一次 setup_function() 方法，结束后都执行一次 teardown_function() 方法，如例 6-14 所示。

【例 6-14】setup_function() 和 teardown_function() 方法执行规则。

```python
# 导入 pytest 测试框架
import pytest
# 定义 setup_function() 方法
def setup_function():
    print('这是测试用例的前置')
# 定义 teardown_function() 方法
def teardown_function():
    print('这是测试用例的后置')
# 定义函数级别的测试用例
def test01():
    print('用例 01')
# 定义函数级别的测试用例
def test02():
    print('用例 02')
if __name__ == '__main__':
```

```
# 执行 main 函数
pytest.main(["-v", "-s","Test.py"])
```

运行结果如下：

```
Test.py::test01 这是测试用例的前置
用例 01
PASSED 这是测试用例的后置


Test.py::test02 这是测试用例的前置
用例 02
PASSED 这是测试用例的后置
```

更多说明：从运行的结果可以看到，setup_function() 和 teardown_function() 方法分别在每个函数级测试用例运行的前后运行了一次。

6.6.3 类级别

setup_class() 和 teardown_class() 方法属于类级别的，只在类中运行。在类中所有的方法执行之前执行一次 setup_class() 方法，当类中所有的方法执行完成后再执行一次 teardown_class() 方法，如例 6-15 所示。

【例 6-15】setup_class() 和 teardown_class() 方法执行规则。

```
# 导入 pytest 测试框架
import pytest
# 定义一个 Test 类
class Test():
    # 定义 setup_class() 方法
```

```python
    def setup_class(self):
        print('这是类级别的前置内容')
    # 定义teardown_class()方法
    def teardown_class(self):
        print('这是类级别的后置内容')
    # 定义方法级别的测试用例
    def test01(self):
        print('这是测试用例1')
    # 定义方法级别的测试用例
    def test02(self):
        print('这是测试用例2')
if __name__ == '__main__':
    # 执行main函数
    pytest.main(["-v", "-s","Test.py"])
```

运行结果如下:

Test.py::Test::test01 这是类级别的前置内容

这是测试用例1

PASSED

Test.py::Test::test02 这是测试用例2

PASSED 这是类级别的后置内容

更多说明：从运行的结果可以看到，setup_class() 和 teardown_class() 方法在类的前后各执行了一次。

6.6.4 类方法级别

setup_method()和 teardown_method() 方法属于类中方法级别的。类中每个方法级别的测试用例执行之前先执行一次 setup_method() 方法，执行之后再执行一次 teardown_method() 方法，如例 6-16 所示。

【例 6-16】setup_method() 和 teardown_method() 方法执行规则。

```python
# 导入 pytest 测试框架
import pytest
# 定义一个 Test 类
class Test():
    # 定义 setup_method() 方法
    def setup_method(self):
        print('这是方法级别的前置内容')
    # 定义 teardown_method() 方法
    def teardown_method(self):
        print('这是方法级别的后置内容')
    # 定义方法级别的测试用例
    def test01(self):
        print('这是测试用例 1')
    # 定义方法级别的测试用例
    def test02(self):
        print('这是测试用例 2')
if __name__ == '__main__':
```

```
# 执行main函数
pytest.main(["-v", "-s","Test.py"])
```

运行结果如下：

```
Test.py::Test::test01 这是方法级别的前置内容
```

这是测试用例1

PASSED 这是方法级别的后置内容

```
Test.py::Test::test02 这是方法级别的前置内容
```

这是测试用例2

PASSED 这是方法级别的后置内容

更多说明：从运行的结果可以看到，setup_method()和teardown_method()方法在每个测试用例级别的方法前后各运行了一次。

6.6.5 类方法细化级别

setup()和teardown()方法属于类方法细化级别，它们的执行规则和setup_method()和teardown_method()方法执行规则是一样的。也就是类中每个方法级别的测试用例执行之前先执行一次setup()方法，每个方法级别的测试用例执行之后再执行一次teardown()方法。不同的是，如果类中既有setup()和teardown()方法，也有setup_method()和teardown_method()方法，那么程序会先执行setup_method()方法，再执行setup()方法，然后执行测试用例，紧接着再执行teardown()方法，最后执行teardown_method()的方法，如例6-17所示。

【例6-17】setup()和teardown()方法执行规则。

```
# 导入pytest测试框架
import pytest
```

```python
# 定义一个 Test 类
class Test():
    # 定义 setup_method() 方法
    def setup_method(self):
        print("这是类方法级别的前置内容")
    # 定义 teardown_method() 方法
    def teardown_method(self):
        print("这是类方法级别的后置内容")
    # 定义 setup() 方法
    def setup(self):
        print('这是类方法细化级别的前置内容')
    # 定义 teardown() 方法
    def teardown(self):
        print('这是类方法细化级别的后置内容')
    # 定义方法级别的测试用例
    def test01(self):
        print('这是测试用例1')
    # 定义方法级别的测试用例
    def test02(self):
        print('这是测试用例2')
if __name__ == '__main__':
    # 执行 main 函数
```

```
pytest.main(["-v", "-s","Test.py"])
```

运行结果如下:

Test.py::Test::test01 这是类方法级别的前置内容

这是类方法细化级别的前置内容

这是测试用例 1

PASSED 这是类方法细化级别的后置内容

这是类方法级别的后置内容

Test.py::Test::test02 这是类方法级别的前置内容

这是类方法细化级别的前置内容

这是测试用例 2

PASSED 这是类方法细化级别的后置内容

这是类方法级别的后置内容

更多说明:

- 从运行的结果可以看到,setup() 和 teardown() 方法在每个测试用例级别的方法前后各运行了一次。而 setup_method() 和 teardown_method() 的方法运行在 setup() 和 teardown() 方法的外层。
- setup() 和 teardown() 方法同样可用于函数级别的测试用例,请读者自行尝试。

6.7 配置文件设置

pytest 的配置文件 pytest.ini 是一个固定的文件,pytest.ini 用于读取整个项目的配置信息,pytest 将按此配置文件中指定的方式去运行,并可以改变 pytest 的默认行为。pytest.ini 配置文件存放在项目的根目录下，文件名称固定不可修改，需要手动新建。

假设"C:\Users\Administrator\PycharmProjects\ 接口自动化项目"中没有任何文件，在这里新建 pytest.ini 配置文件，如图 6-4 所示。

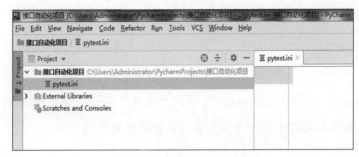

图 6-4　pytest.ini 配置文件

pytest.ini 配置文件的正式内容如图 6-5 所示。

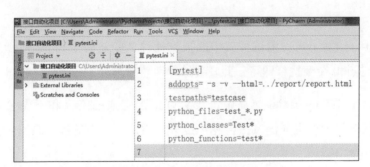

图 6-5　pytest.ini 配置文件的正式内容

pytest.ini 配置文件参数说明如下。

❏ [pytest]：配置文件的头信息，不能丢。

❏ addopts= -s -v --html=../report/report.html：命令行参数，这里面有 3 个参数，分别是 -s、-v、--html，设置多个参数用空格隔开。-s 和 -v 在之前的章节已讲过，--html 参数主要用于设置测试报告的路径和报告的文件名，其中 -- 代表的是所在目录的上一级目录。

❏ testpaths=testcase：定义测试用例文件夹名称，只有名称为 testcase 的文件夹下面的测试文件才会被 pytest 执行。

- python_files=test_*.py：定义测试用例所在的文件，只有文件名称是以 test 开始的文件才会被 pytest 执行。

- python_classes=Test*：定义测试用例文件中类的名称，只有以 Test 开始的类才会被 pytest 执行。

- python_functions=test*：定义函数或方法的名称，只有以 test 开始的函数或方法才会被 pytest 执行。

需要注意的是，在正式的 pytest.ini 配置文件中不能出现中文字符及注释内容，否则 pytest 在执行过程中会产生异常而导致测试执行失败。

6.8 生成测试报告

pytest-html 为 pytest 测试框架中的报告插件，安装命令为 pip3 install pytest-html，通过 cmd 命令执行即可。此安装过程请读者自行完成。

在 6.7 节中，pytest.ini 文件中已设置好报告生成的路径和报告名称，那么 pytest 测试框架如何生成测试报告呢？接下来通过一个小的程序来演示报告生成过程，步骤如下。

（1）在"C:\Users\Administrator\PycharmProjects\接口自动化项目"路径下新建文件夹 testcase，如图 6-6 所示。

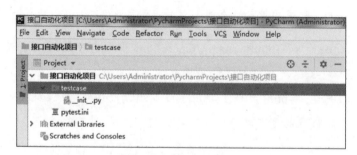

图 6-6　testcase 文件夹

（2）在文件夹 testcase 下新建测试文件 test_api.py，如图 6-7 所示。

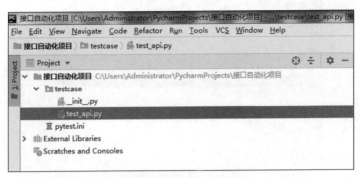

图 6-7　test_api.py 文件

（3）在 test_api.py 文件中编写测试脚本，如例 6-18 所示。

【例 6-18】test_api.py 文件中的测试脚本。

```
# 导入 pytest 测试框架
import pytest
# 测试用例 1：此函数以 test 开始，符合配置文件设置规则，会被执行
def test_login():
    print('我是会被执行的。')
# 测试用例 2：此函数以 test 开始，符合配置文件设置规则，会被执行
def testlogin():
    print('我也是会被执行的。')
if __name__ == '__main__':
    # 执行 main() 函数
    pytest.main(['-s','-v', 'test_api.py'])
```

（4）运行 test_api.py 文件后可自动在项目路径下生成测试报告及其路径，如图 6-8 所示。

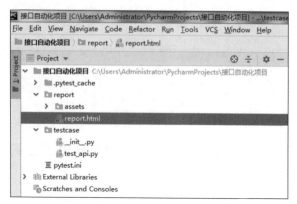

图 6-8　生成测试报告

（5）报告生成后，选定 report.html 文件，右击，在弹出的快捷菜单中选择 Open in Browser 选项，并选择想要使用的浏览器，就可以直接查看测试报告的内容，如图 6-9 所示。

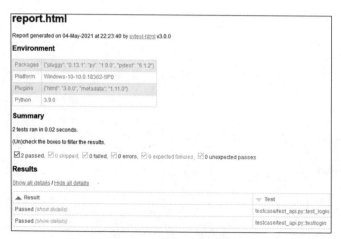

图 6-9　测试报告的内容

第二部分

构建接口自动化测试框架

本部分主要包括三方面内容：设计 ZrLog 项目的测试用例、设计 ZrLog 项目接口自动化测试框架、接口自动化的持续集成，下面分别介绍。

- 设计 ZrLog 项目的测试用例（第 7 章）：接口自动化框架运行的载体就是接口自动化测试用例，这就涉及测试用例的设计、存储等。本章主要介绍 ZrLog 系统接口的提取与分析、字段的设计、测试用例内容的设计、测试用例结构的设计以及测试用例存储方式的设计等。

- 设计 ZrLog 项目接口自动化测试框架（第 8 章）：接口测试用例设计完成后，就需要构建框架来运行测试用例。本章主要介绍如何使用 Python 3.8+Requests 库 +PyMySQL 库 +pytest 库的组合方式，来完成 ZrLog 系统接口自动化框架的设计。

- 接口自动化的持续集成（第 9 章）：接口自动化框架设计完后，需要持续地运行，此时就需要构建持续运行的平台。本章主要介绍如何利用 Git 版本管理工具、远程仓库（gitee 或者 Github）、构建工具（Jenkins 平台）等，进行持续集成环境的构建和运行。

第 7 章　设计 ZrLog 项目的测试用例

构建接口自动化测试框架是自动化测试人员的核心技能，需要有第一部分的 Python 库知识作为基础。

接口自动化测试的实质就是自动执行测试用例，没有测试用例，自动化工作将无从谈起。同时测试用例的设计、存储方式，在很大程度上决定了接口自动化框架的灵活性和可扩展性。因此本章将重点讲解测试用例的设计结构及存储方式。

本章视频二维码

7.1　设计接口测试用例

7.1.1　提取接口信息并分析

接口测试主要是测试对服务端资源的增删改查操作，所以在 ZrLog 系统中提取了 5 个与增删改查有关联的接口信息，分别是登录接口、发布文章接口、修改文章接口、删除文章接口、查询文章接口。在设计接口测试用例之前，需要对这 5 个接口进行初步的了解与分析，并了解接口之间的关联关系，以便为设计接口用例做准备。

1）登录接口信息的提取与分析

通过 Fiddler 工具获取到的登录接口的信息如图 7-1 所示。

接口自动化测试项目实战

Python 3.8+Requests+PyMySQL+pytest+Jenkins 实现

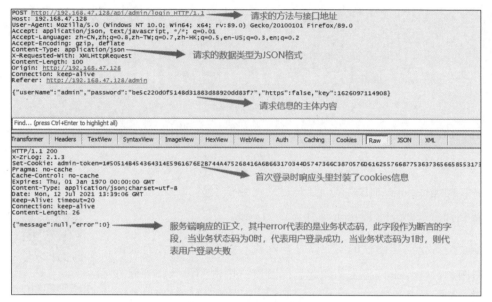

图 7-1　登录接口的信息

登录接口的信息分析如下。

- 从图 7-1 所示的信息可以看到，登录接口采用的是 POST 请求方法，请求的数据类型为 JSON 格式，采用的是用户名和密码的登录方式。登录成功后，服务器在响应头当中封装了 cookies 信息，这说明如果下游的接口想请求服务器中的资源，需要在请求头当中携带此 cookies 信息。

- 在接口测试用例中，如何让下游的接口引用上游接口的 cookies 信息呢？需要将 cookies 中的 admin-token 字段的值提取出来，放在一个变量中。下游接口直接引用这个变量就可以获取到 cookies 的值。

- 需要注意的是，当使用错误的用户名或密码进行登录时，会提示用户名或密码错误，且此时响应的业务状态码为 1。

2）发布文章接口信息的提取与分析

通过 Fiddler 工具获取的发布文章接口的信息如图 7-2 所示。

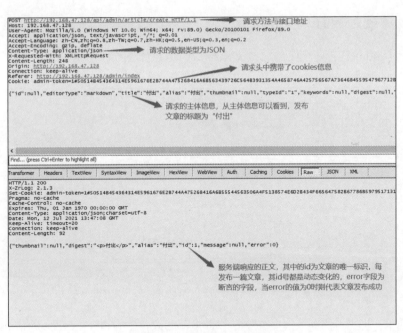

图 7-2　发布文章接口的信息

发布文章接口的信息分析如下。

❑ 从图 7-2 所示的信息可以看到，发布文章接口采用的是 POST 请求方法，请求的数据类型为 JSON 格式，且携带了 cookies 信息，这说明发布文章的接口在请求的信息中引用了登录接口所设置的变量信息（为 admin-token 字段的值所设置的变量）。

❑ 从请求的正文可以看到，title 的值为"付出"，这说明此次发布文章的标题就是"付出"。

❑ 从响应的正文可以看到，当文章发布成功后，服务端生成了一个 id 的参数，这个参数为文章的 id 号，此次发布文章的 id 为 1。但需要注意的是，此 id 号是动态变化的，因为每发布一次新的文章，生成的 id 号都是不一样的。如果下游接口要修改或删除此文章，则需要引用此 id 号。在接口测试用例当中，如何让下游的接口引用上游接口的 id 信息呢？需要将 id 的值提取出来，放在一个变量中，下游接口直接引用这个变量就可以获取 id 的值。

3）修改文章接口信息的提取

通过 Fiddler 工具获取的修改文章接口的信息如图 7-3 所示。

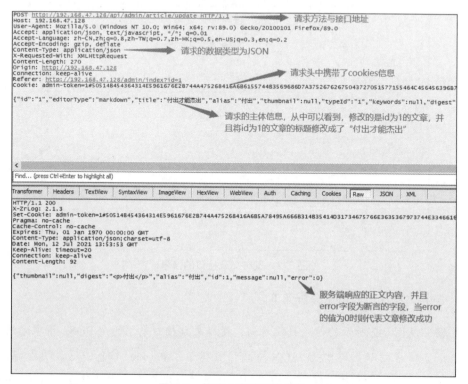

图 7-3　修改文章接口的信息

修改文章接口的信息分析如下。

- 从图 7-3 所示的信息可以看到，修改文章接口采用的是 POST 请求方法，请求的数据类型为 JSON 格式，且携带了 cookies 信息，这说明修改文章的接口在请求的信息中引用了登录接口所设置的变量信息（为 admin-token 字段的值所设置的变量）。

- 从请求的正文可以看到，此次修改的是 id 为 1 的文章，并且将文章的标题由原来的"付出"修改成"付出才能杰出"。但由于文章 id 是动态变化的，所以修改文章时需要引用发布文章接口所设置的 id 的变量。

4)删除文章接口信息的提取

通过 Fiddler 工具获取的删除文章接口的信息如图 7-4 所示。

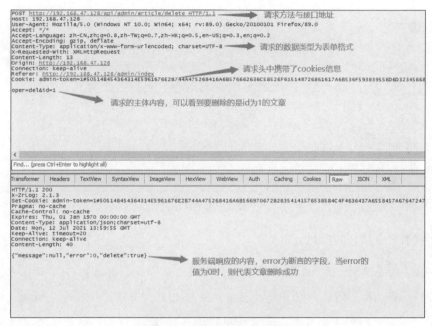

图 7-4　删除文章接口的信息

删除文章接口的信息分析如下。

- 从图 7-4 所示的信息可以看到,删除文章接口采用的是 POST 请求方法,请求的数据类型为表单格式,且携带了 cookies 信息,这说明删除文章的接口在请求的信息中引用了登录接口所设置的变量信息(为 admin-token 字段的值所设置的变量)。

- 从请求的正文可以看到,此次删除的是 id 为 1 的文章,但由于文章的 id 是动态变化的,所以删除文章时需要引用发布文章接口中为 id 设置的变量。

5)查询文章接口信息的提取

此次查询的内容为"付出才能杰出",通过 Fiddler 工具获取的查询文章接口的信息如图 7-5 所示。

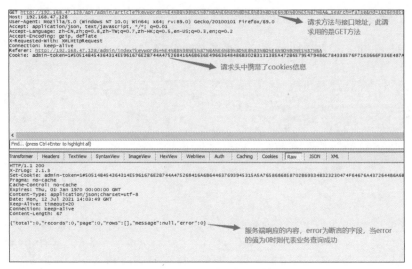

图 7-5 查询文章接口的信息

查询文章接口的信息分析如下。

- 从图 7-5 所示的信息可以看到，删除文章接口采用的是 GET 请求方法，所以要查询的内容直接放在接口地址里面，而不是放在请求的正文中。查询文章接口同样在请求头中携带了 cookies 信息，这说明查询文章接口在请求头中引用了登录接口所设置的变量信息（为 admin-token 字段的值所设置的变量）。

- 从响应的正文可以看到，error 字段的值为 0，说明业务查询成功，并且 total 和 records 字段的值均为 0，这说明"付出才能杰出"这篇文章已彻底删除，已查询不到任何记录。

6）接口关联总结

通过以上的接口分析，可以得出以下的结论。

- 发布文章接口和登录接口相关联。
- 修改文章接口既和登录接口相关联，又和发布文章接口相关联。
- 删除文章接口既和登录接口相关联，又和发布文章接口相关联。
- 查询文章接口和登录接口相关联。

在 7.2.2 节中将通过用例设计设置的变量来处理这种上下游接口之间的关联关系。

7.1.2 根据接口信息设计测试用例

ZrLog 系统接口测试用例的字段可以设计为 3 个部分，分别是主测试用例的字段（重要）、配置信息的字段、执行结果记录的字段。下面分别介绍这 3 部分字段的名称和含义。

1）设计主测试用例的字段

主测试用例的字段一般包含用例标识的字段、请求信息的字段和响应信息的字段，响应信息的字段一般作为接口用例执行结果的断言字段；另外由于本书的接口涉及 cookies 信息及接口之间的关联信息，所以需要加上 cookies 字段及接口关联字段。基于以上规则，ZrLog 系统主测试用例的字段设计如表 7-1 所示。

表 7-1 主测试用例的字段

主测试用例字段名称	含义
id	用例标识字段，代表测试用例的编号
web	用例标识字段，代表项目名称
module	用例标识字段，代表项目模块
title	用例标识字段，代表测试用例的标题
url	请求信息的字段，代表接口地址的路径
method	请求信息的字段，代表请求方法
headers	请求信息的字段，代表请求头
cookies	cookies 秘钥
request_body	请求信息的字段，代表请求主体信息
request_type	请求信息的字段，代表请求主体的数据类型
relation	关联
expected_code	响应信息的字段，代表预期业务状态码，作为断言的标准
isdel	测试用例是否可运行，0 代表即将删除的用例，1 代表可正常运行的用例

2）设计配置信息的字段

配置信息的字段一般用来存放接口自动化框架中所需要的各类环境配置信息，具体需要哪些字段，在实际中可根据项目需求灵活设置，在 ZrLog 系统中对配置信息设置了 4 个常用字段，如表 7-2 所示。

表 7-2 配置信息的字段

配置信息字段的名称	含义
id	配置信息序号
web	项目名称
key	环境信息字段
value	环境信息的值

3）设计执行结果记录的字段

执行结果记录的字段主要用来存放测试用例执行的最终结果及相关的信息。具体需要设置哪些字段可根据项目情况灵活决定。在 ZrLog 系统中对执行结果记录设置了以下常用的 5 个字段，如表 7-3 所示。

表 7-3 执行结果记录的字段

执行结果记录字段的名称	含义
id	执行结果记录的序号
case_id	被执行测试用例的 id
times	执行结果更新的时间
response	程序运行的实际结果
result	用例执行是否通过

4）设计主测试用例内容并解决关联关系

接口测试用例与功能测试用例本质上并无区别，常用的设计方法有：有效、无效、边界、错误推测、场景法、正交法等。接口测试包括单接口测试和多接口测试，单接口测试是指针对单个接口的用例设计，而多接口测试是指针对多个接口的用例设计，一般是基于正向的业务流程去设计用例，并且要处理上下游接口的关联关系。基于此规则，对于 7.1.1 节的 5 个接口，共设计出 11 个测试用例。其中登录接口为单接口，一共设计了 7 个用例；其他的 4 个接口为多个接口，一共设计了 4 个用例。主测试用例的内容及结构如图 7-6、图 7-7 所示。

id	web	module	title	url	method	headers	cookies
1	zrlog	登录模块	密码错误	/api/admin/login	post	{"Content-Type": "applicat	{}
2	zrlog	登录模块	不携带密码参数	/api/admin/login	post	{"Content-Type": "applicat	{}
3	zrlog	登录模块	用户名错误	/api/admin/login	post	{"Content-Type": "applicat	{}
4	zrlog	登录模块	用户非字符串类型	/api/admin/login	post	{"Content-Type": "applicat	{}
5	zrlog	登录模块	不携带用户名参数	/api/admin/login	post	{"Content-Type": "applicat	{}
6	zrlog	登录模块	用户名为空字符串	/api/admin/login	post	{"Content-Type": "applicat	{}
7	zrlog	登录模块	用户名和密码正确	/api/admin/login	post	{"Content-Type": "applicat	{}
8	zrlog	文章管理模块	发布文章	/api/admin/article/create	post	{"Content-Type": "applicat	{"admin-token":"${token}"}
9	zrlog	文章管理模块	修改文章	/api/admin/article/update	post	{"Content-Type": "applicat	{"admin-token":"${token}"}
10	zrlog	文章管理模块	删除文章	/api/admin/article/delete	post	{"Content-Type": "applicat	{"admin-token":"${token}"}
11	zrlog	文章管理模块	查询文章	/api/admin/article?keywo	get	{"Content-Type": "applicat	{"admin-token":"${token}"}

图 7-6 主测试用例的内容及结构（1）

request_body	relation	expected_code	isdel
{"userName":"admin","password":123456,"https":False,"key":1598188173501}	(Null)	1	1
{"userName":"admin","https":False,"key":1598188173501}	(Null)	1	1
{"userName":"adminadminadmin","password":"ca72de92e7e1767aefe5853a2828	(Null)	1	1
{"userName":123456,"password":"ca72de92e7e1767aefe5853a282836e7","https":False,	(Null)	1	1
{"password":"ca72de92e7e1767aefe5853a282836e7","https":False,"key":159818817350	(Null)	1	1
{"userName":"","password":"ca72de92e7e1767aefe5853a282836e7","https":False,"key":	(Null)	1	1
{"userName":"admin","password":"ca72de92e7e1767aefe5853a282836e7","https":False	token=cookies.admin-token	0	1
{"id":None,"editorType":"markdown","title":"付出","alias":"付出","thumbnail":None,"type	id_name=body.id,alias_name=body.alias	0	1
{"id":"${id_name}","editorType":"markdown","title":"付出才能杰出","alias":"${alias_name}"	(Null)	0	1
{"oper":"del","id":"${id_name}"}	(Null)	0	1
{}	(Null)	0	1

图 7-7 主测试用例的内容及结构（2）

用例分析如下。

- 第 1 个测试用例为登录接口的测试用例，使用了错误的密码进行登录，登录过程无须携带 cookies，所以 cookies 字段设置为空，登录失败后，预期的业务状态码为 1。如果服务端响应的业务状态码不为 1，则代表此测试用例执行没有通过。

- 第 2 个测试用例为登录接口的测试用例，请求主体信息中不携带密码这个参数，登录过程无须携带 cookies，所以 cookies 字段设置为空，预期的业务状态码为 1。如果服务端响应的业务状态码不为 1，则表明此测试用例执行没有通过。

- 第 3 个测试用例为登录接口的测试用例，请求主体信息中使用了错误的用户名，登录过程无须携带 cookies，所以 cookies 字段设置为空，预期的业务状态码为 1。如果服务端响应的业务状态码不为 1，则表明此测试用例执行没有通过。

- 第4个测试用例为登录接口的测试用例，请求主体信息中用户名参数使用非字符串类型的数据，登录过程无须携带cookies，所以cookies字段设置为空，预期的业务状态码为1。如果服务端响应的业务状态码不为1，则表明此测试用例执行没有通过。

- 第5个测试用例为登录接口的测试用例，请求主体信息中不携带用户名参数，登录过程无须携带cookies，所以cookies字段设置为空，预期的业务状态码为1。如果服务端响应的业务状态码不为1，则表明此测试用例执行没有通过。

- 第6个测试用例为登录接口的测试用例，请求主体信息中用户名为空字符串，登录过程无须携带cookies，所以cookies字段设置为空，预期的业务状态码为1。如果服务端响应的业务状态码不为1，则表明此测试用例执行没有通过。

- 第7个测试用例为登录接口的测试用例，请求主体信息中使用了正确的用户和密码进行登录，登录过程无须携带cookies，所以cookies字段设置为空，登录成功之后服务端响应的预期的业务状态码为0。如果服务端响应的业务状态码不为0，则表明此测试用例执行没有通过。另外，用户登录成功之后，会在服务端产生cookies信息。在relation字段中设置了token=cookiess.admin-token，它代表的含义是取得cookies信息中的admin-token字段的值，并把这个值赋给变量token，以便下游接口引用token变量而得到cookies的秘钥。

- 第8个测试用例为发布文章接口的测试用例，在cookies字段中设置了{"admin-token" : "${token}"}，这说明发布文章过程中需要携带cookies信息，且cookies信息中键为"admin-token"，其值引用了登录接口中所设置的token这个变量。从request_body字段的信息中可以看到发布文章的标题（title为标题参数）为"付出"，文章别名（alias为别名参数）为"付出"。在文章发布成功后，将会产生文章的id号和文章的alias

（文章别名），所以又在 relation 字段中设置了 id_name=body.id,alias_name=body.alias，它代表的含义是取到响应正文中的 id 号，并把它赋给变量 id_name；同时取到响应正文中的 alias（文章别名），并把它赋给变量 alias_name，以便下游接口可以引用这两个变量。最后，当文章发布成功之后，服务端响应的预期业务状态码为 0。如果服务端响应的业务状态码不为 0，则表明此测试用例执行没有通过。

- 第 9 个测试用例为修改文章接口的测试用例，在 cookies 字段中设置了 {"admin-token" : "${token}"}，这说明修改文章过程中需要携带 cookies 信息，且 cookies 信息中键为 "admin-token"，其值引用了登录接口测试用例中所设置的 token 这个变量。从 request_body 字段的信息中可以看到，文章的 id 号引用的是发布文章接口测试用例中设置的 id_name 这个变量的值，文章的 alias 引用的是发布文章接口测试用例设置的 alias_name 这个变量，也就是说要修改的文章是 id 为 id_name 的文章，并且在修改过程中把文章的标题修改成了 "付出才能杰出"。最后，在文章修改成功之后，服务端响应的预期业务状态码为 0。如果服务端响应的业务状态码不为 0，则表明此测试用例执行没有通过。

- 第 10 个测试用例为删除文章接口的测试用例，在 cookies 字段中设置了 {"admin-token" : "${token}"}，这说明文章过程中需要携带 cookies 信息，且 cookies 信息中键为 "admin-token"，其值引用了登录接口测试用例中所设置的 token 这个变量。从 request_body 字段的信息中可以看到，要删除的文章的 id 号引用的是发布文章接口测试用例中设置的 id_name 这个变量的值，这说明要删除的文章是 id 为 id_name 的文章。最后，在文章删除成功之后，服务端响应的预期业务状态码为 0。如果服务端响应的业务状态码不为 0，则表明此测试用例执行没有通过。

- 第 11 个测试用例为查询文章接口的测试用例，在 cookies 字段中设置了 {"admin-token" : "${token}"}，这说明查询文章过程中需要携带 cookies 信息，且 cookies 信息中键为 "admin-token"，其值引用了登录接口测试用例中所设置的 token 这个变量。因为此接口的请求方式为 GET 请求，所以 request_body 字段中信息为空，请求的参数直接放在 url 中。最后，由于文章已删除，查询的结果为空才是正常的，服务端响应的预期业务状态码应该为 0。如果服务端响应的业务状态码不为 0，则表明此测试用例执行没有通过。

5）设计配置信息的内容

本框架中所涉及的配置信息是被测环境服务器的 IP 地址，在配置信息中设置服务端的 IP 地址，其原因在于可以将服务器的 IP 地址从接口地址中分离出来，主要是因为一旦服务器的 IP 地址要改变，只需要在配置信息的字段进行更改便可，而不需要到每个接口用例当中对 url 中的 IP 地址进行一一更改，以实现公共数据的分离。在实际项目中具体需要在配置信息的字段中设置哪些内容，可根据项目需求灵活设置。ZrLog 系统配置信息字段的内容如图 7-8 所示。

图 7-8　配置信息字段的内容

6）执行结果记录的内容

执行结果记录字段的内容是由程序运行之后自动填充，无须手工填写。

7.2　测试用例的存储方式

设计接口自动化框架需要考虑测试用例存储的方式。在实际项目中，测试用例存储的方式有多种，可以存放在 Excel 表格中，也可以存放于 Yaml 文件中，而最好的方式是存放在 MySQL 数据库中，原因有几点：一是现在 Docker 技术流行，可以通过 Docker 拉取镜像直接安装 MySQL，用于存放测试用例；二是 Python 利用 PyMySQL 库可以很好地与 MySQL 数据库进行交互；三是只要熟悉 SQL 语句，就可以随时存储和读取测试用例的内容；四是使用 MySQL 数据库存储测试用例便于后续的测试平台的开发。因此，本书将采用 MySQL 数据库来存储测试用例。

7.2.1 建立数据库实例

使用数据库存放测试用例需要建立新的数据库实例，由于在第 1 章已安装了 MySQL 数据库系统，本章只需要通过 Navicat 客户端连接 MySQL 数据库，新建一个数据库实例便可。步骤如下。

（1）通过 Navicat 客户端连接 MySQL 数据库系统，用户名为 root，密码为 123456，数据库的端口号为 33506，IP 地址为 192.168.47.128，如图 7-9 所示。

图 7-9　连接 MySQL 数据库系统

（2）MySQL 数据库连接成功后，新建数据库实例，如图 7-10 所示。

图 7-10　新建数据库实例

（3）输入数据库实例的名称，并选择字符集和排序规则，如图 7-11 所示。

（4）单击"确定"按钮，便可新建成功，如图 7-12 所示。

图 7-11　输入数据库实例名称

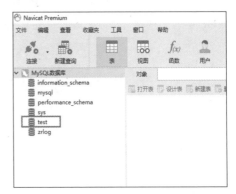

图 7-12　数据库实例新建成功

7.2.2　建立主测试用例表

根据 7.1.2 节设计的主测试用例的字段来建立主测试用例表，此表主要用来存放主测试用例的内容，命名为 test_case_list。接下来通过 CREATE TABLE 语句建立此表，并通过 INSERT INTO 语法向表中插入 7.1.2 节中设计的 11 个测试用例的内容。

1）在 test 数据库实例中创建 test_case_list 表

通过 CREATE TABLE 语句创建 test_case_list 表，建表语句如例 7-1 所示。

【例 7-1】创建 test_case_list 表。

```
CREATE TABLE `test_case_list`  (
  # 测试用例的编号，不为空，自增长
  `id` int(0) NOT NULL AUTO_INCREMENT,
  # 项目名称
  `web` varchar(255)  DEFAULT NULL,
```

项目模块

`module` varchar(255) DEFAULT NULL,

测试用例的标题

`title` varchar(255) DEFAULT NULL,

接口地址的路径

`url` varchar(255) DEFAULT NULL,

请求方法

`method` varchar(255) DEFAULT NULL,

请求头

`headers` varchar(255) DEFAULT NULL,

cookies 秘钥

`cookies` varchar(1000) DEFAULT NULL,

请求主体信息

`request_body` varchar(1000) DEFAULT NULL,

请求主体的数据类型

`request_type` varchar(255) DEFAULT NULL,

关联

`relation` varchar(255) DEFAULT NULL,

预期业务状态码

`expected_code` varchar(255) DEFAULT NULL COMMENT '作为断言标准',

测试用例是否可运行

```
    `isdel` int(0) NULL DEFAULT 1 COMMENT '0 为删除，1 为正常 ',
    # 设置 id 为主键
    PRIMARY KEY (`id`) USING BTREE
# 设置表的引擎为 InnoDB
) ENGINE = InnoDB ;
```

2）展示 test_case_list 表名和字段

通过 Navicat 客户端将 test_case_list 表创建成功之后，表的名称和字段的信息展示如图 7-13 所示。

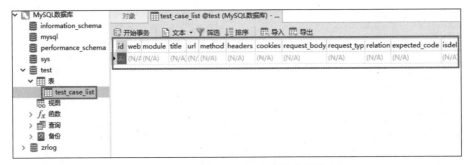

图 7-13　test_case_list 表名及字段信息

3）向 test_case_list 表插入测试用例的内容

test_case_list 表创建成功之后，可以通过 INSERT INTO 语法向表中插入 7.1.2 节中设计的 11 个测试用例的内容，插入语句如例 7-2 所示。

【例 7-2】向 test_case_list 表中插入测试用例的内容。

```
# 插入第一条测试用例
INSERT INTO `test_case_list` VALUES (1, 'zrlog', '登录模块',
'密码错误', '/api/admin/login', 'post', '{\"Content-Type\":
\"application/json\"}', '{}', '{\"userName\":\"admin\",\
"password\":123456,\"https\":False,\"key\":1598188173501}',
'json', NULL, '1', 1);
```

插入第二条测试用例

INSERT INTO `test_case_list` VALUES (2, 'zrlog', '登录模块', '不携带密码参数', '/api/admin/login', 'post', '{\"Content-Type\": \"application/json\"}', '{}', '{\"userName\":\"admin\",\"https\":False,\"key\":1598188173501}', 'json', NULL, '1', 1);

插入第三条测试用例

INSERT INTO `test_case_list` VALUES (3, 'zrlog', '登录模块', '用户名错误', '/api/admin/login', 'post', '{\"Content-Type\": \"application/json\"}', '{}', '{\"userName\":\"adminadminadminadmin\",\"password\":\"ca72de92e7e1767aefe5853a282836e7\",\"https\":False,\"key\":1598188173501}', 'json', NULL, '1', 1);

插入第四条测试用例

INSERT INTO `test_case_list` VALUES (4, 'zrlog', '登录模块', '用户名为非字符串类型', '/api/admin/login', 'post', '{\"Content-Type\": \"application/json\"}', '{}', '{\"userName\":123456,\"password\":\"ca72de92e7e1767aefe5853a282836e7\",\"https\":False,\"key\":1598188173501}', 'json', NULL, '1', 1);

插入第五条测试用例

INSERT INTO `test_case_list` VALUES (5, 'zrlog', '登录模块', '不携带用户名参数', '/api/admin/login', 'post', '{\"Content-Type\": \"application/json\"}', '{}', '{\"password\":\"ca72de92e7e1767aefe5853a282836e7\", \"https\":False,\"key\":1598188173501}', 'json', NULL, '1', 1);

插入第六条测试用例

INSERT INTO `test_case_list` VALUES (6, 'zrlog', '登录模块', '用户名为空字符串', '/api/admin/login', 'post', '{\"Content-Type\": \"application/json\"}', '{}', '{\"userName\":\"\",\"password\":\"ca72de92e7e1767aefe5853a282836e7\",\"https\":False,\"key\":1598188173501}', 'json', NULL, '1', 1);

插入第七条测试用例

INSERT INTO `test_case_list` VALUES (7, 'zrlog', '登录模块', '用户名和密码正确', '/api/admin/login', 'post', '{\"Content-Type\": \"application/json\"}', '{}', '{\"userName\":\"admin\",\"password\":\"ca72de92e7e1767aefe5853a282836e7\",\"https\":False,\"key\":1598188173501}', 'json', 'token=cookies.admin-token', '0', 1);

插入第八条测试用例

INSERT INTO `test_case_list` VALUES (8, 'zrlog', '文章管理模块', '发布文章', '/api/admin/article/create', 'post', '{\"Content-Type\": \"application/json\"}', '{\"admin-token\":\"${token}\"}', '{\"id\":None,\"editorType\":\"markdown\",\"title\":\"付出\",\"alias\":\"付出\",\"thumbnail\":None,\"typeId\":\"1\",\"keywords\":None,\"digest\":None,\"canComment\":False,\"recommended\":False,\"privacy\":False,\"content\":\"<p>付出</p>\\n\",\"markdown\":\"付出\",\"rubbish\":False}', 'json', 'id_name=body.id,alias_name=body.alias', '0', 1);

插入第九条测试用例

```
INSERT INTO `test_case_list` VALUES (9, 'zrlog', '文章管
理模块', '修改文章', '/api/admin/article/update', 'post',
'{\"Content-Type\": \"application/json\"}', '{\"admin-
token\":\"${token}\"}', '{\"id\":\"${id_name}\",\"editorType\
":\"markdown\",\"title\":\"付出才能杰出\",\"alias\":\"${alias_
name}\",\"thumbnail\":None,\"typeId\":\"1\",\"keywords\":
None,\"digest\":\"<p>付出</p>\",\"canComment\":False,\"recom
mended\":False,\"privacy\":False,\"content\":\"<p>付出</p>\\
n\",\"markdown\":\"付出\",\"rubbish\":False}', 'json', NULL,
'0', 1);
```

插入第十条测试用例

```
INSERT INTO `test_case_list` VALUES (10, 'zrlog', '文章
管理模块', '删除文章', '/api/admin/article/delete', 'post',
'{\"Content-Type\": \"application/x-www-form-urlencoded\"}',
'{\"admin-token\":\"${token}\"}', '{\"oper\":\"del\",\"id\":\
"${id_name}\"}', 'data', NULL, '0', 1);
```

插入第十一条测试用例

```
INSERT INTO `test_case_list` VALUES (11, 'zrlog', '文章
管理模块', '查询文章', '/api/admin/article?keywords=付出才
能杰出&_search=false&nd=1598429806679&rows=10&page=1&sidx=
&sord=asc', 'get', '{\"Content-Type\": \"application/x-www-
form-urlencoded\"}', '{\"admin-token\":\"${token}\"}', '{}',
'data', NULL, '0', 1);
```

4) 展示 test_case_list 全表的内容

通过 Navicat 客户端工具执行 INSERT INTO 语句后，test_case_list 全表的内容如图 7-14、图 7-15 所示。

id	web	module	title	url	method	headers	cookies
1	zrlog	登录模块	密码错误	/api/admin/login	post	{"Content-Type": "applicat	{}
2	zrlog	登录模块	不携带密码参数	/api/admin/login	post	{"Content-Type": "applicat	{}
3	zrlog	登录模块	用户名错误	/api/admin/login	post	{"Content-Type": "applicat	{}
4	zrlog	登录模块	用户非字符串类型	/api/admin/login	post	{"Content-Type": "applicat	{}
5	zrlog	登录模块	不携带用户名参数	/api/admin/login	post	{"Content-Type": "applicat	{}
6	zrlog	登录模块	用户名为空字符串	/api/admin/login	post	{"Content-Type": "applicat	{}
7	zrlog	登录模块	用户名和密码正确	/api/admin/login	post	{"Content-Type": "applicat	{}
8	zrlog	文章管理模块	发布文章	/api/admin/article/create	post	{"Content-Type": "applicat	{"admin-token":"${token}"}
9	zrlog	文章管理模块	修改文章	/api/admin/article/update	post	{"Content-Type": "applicat	{"admin-token":"${token}"}
10	zrlog	文章管理模块	删除文章	/api/admin/article/delete	post	{"Content-Type": "applicat	{"admin-token":"${token}"}
11	zrlog	文章管理模块	查询文章	/api/admin/article?keywo	get	{"Content-Type": "applicat	{"admin-token":"${token}"}

图 7-14 test_case_list 全表的内容（1）

request_body	relation	expected_code	isdel
{"userName":"admin","password":123456,"https":False,"key":1598188173501}	(Null)	1	1
{"userName":"admin","https":False,"key":1598188173501}	(Null)	1	1
{"userName":"adminadminadminadmin","password":"ca72de92e7e1767aefe5853a2828	(Null)	1	1
{"userName":123456,"password":"ca72de92e7e1767aefe5853a282836e7","https":False,	(Null)	1	1
{"password":"ca72de92e7e1767aefe5853a282836e7","https":False,"key":1598188173350	(Null)	1	1
{"userName":"","password":"ca72de92e7e1767aefe5853a282836e7","https":False,"key":	(Null)	1	1
{"userName":"admin","password":"ca72de92e7e1767aefe5853a282836e7","https":False	token=cookies.admin-token	0	1
{"id":None,"editorType":"markdown","title":"付出","alias":"付出","thumbnail":None,"type|	id_name=body.id,alias_name=body.alias	0	1
{"id":"${id_name}","editorType":"markdown","title":"付出才能杰出","alias":"${alias_name}"	(Null)	0	1
{"oper":"del","id":"${id_name}"}	(Null)	0	1
{}	(Null)	0	1

图 7-15 test_case_list 全表的内容（2）

7.2.3　建立配置信息表

根据 7.2.2 节设计的配置信息的字段来建立配置信息表，并命名为"test_config"。根据 7.2.2 节为此表设计的内容，本表保存的是测试环境的 IP 地址。接下来通过 CREATE TABLE 语句建立此表，并通过 INSERT INTO 语句向表中插入测试环境的 IP 地址。

1）在 test 数据库实例中创建 test_config 表

通过 CREATE TABLE 语句创建 test_config 表，建表语句如例 7-3 所示。

【例 7-3】创建 test_config 表。

```
CREATE TABLE `test_config` (
    # 配置信息序号
```

```
  `id` int(0) NOT NULL,
  # 项目名称
  `web` varchar(255)  DEFAULT NULL,
  # 环境信息字段
  `key` varchar(255)  DEFAULT NULL,
  # 环境信息的值
  `value` varchar(255)  DEFAULT NULL,
  # 设置 id 为主键
  PRIMARY KEY (`id`) USING BTREE
# 设置表的引擎为 InnoDB
) ENGINE = InnoDB ;
```

2）展示 test_config 表名和字段

通过 Navicat 客户端将 test_config 表创建成功之后，表名及全部字段信息，如图 7-16 所示。

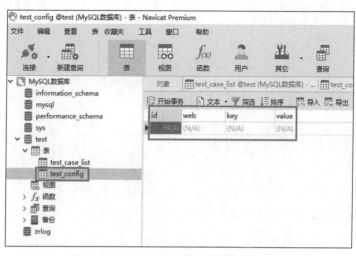

图 7-16　test_config 表名及全部字段信息

3）向 test_config 表中插入测试用例的内容

test_config 表创建成功之后，可以通过 INSERT INTO 语句向表中插入 7.2.2 节为本表字段所设计的内容，插入语句如例 7-4 所示。

【例 7-4】 向 test_config 表中插入测试用例

```
# 插入的配置信息为测试环境的IP地址
INSERT INTO `test_config` VALUES (1, 'zrlog', 'url_api', 'http://192.168.47.128');
```

4）展示 test_config 全表的内容

通过 Navicat 客户端工具执行 INSERT INTO 语句后，test_config 全表的内容，如图 7-17 所示。

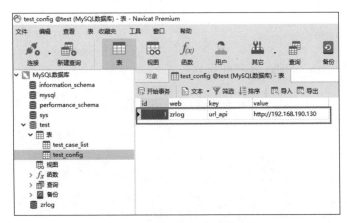

图 7-17　test_config 全表的内容

7.2.4　建立执行结果记录表

根据 7.2.2 节设计的执行结果记录的字段来建立执行结果记录表，并命名为 "test_result_record"。此表主要用来记录测试用例执行的最终结果，表中内容将由程序完成后自动填充，无须手工插入内容。接下来通过 CREATE TABLE 语句建立此表。

1）在 test 数据库实例中创建 test_result_record 表

通过 CREATE TABLE 语句创建 test_result_record 表，建表语句如例 7-5 所示。

【例 7-5】创建 test_result_record 表。

```
CREATE TABLE `test_result_record` (
    # 执行结果记录的序号，不为空，自增长
    `id` int(0) UNSIGNED NOT NULL AUTO_INCREMENT,
    # 被执行测试用例的 id
    `case_id` varchar(255) DEFAULT NULL,
    # 执行结果更新的时间
    `times` varchar(255) DEFAULT NULL,
    # 程序运行的实际结果
    `response` varchar(1000) DEFAULT NULL COMMENT '实际结果',
    # 用例执行是否通过
    `result` varchar(255) DEFAULT NULL,
    # 设置 id 为主键
    PRIMARY KEY (`id`) USING BTREE
# 设置表的引擎为 InnoDB
) ENGINE = InnoDB ;
```

2）展示 test_result_record 表名和字段

通过 Navicat 客户端将 test_result_record 表创建成功之后，表的名称和字段的信息展示如图 7-18 所示。

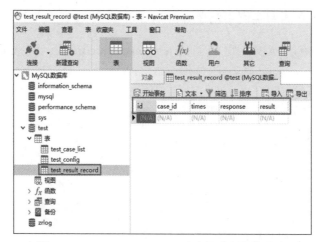

图 7-18　test_result_record 表名及全部字段信息

7.2.5　通过 Excel 文件导入测试用例

初学者如果对 SQL 语句感到陌生的话，可以将测试用例写入 Excel 文件，然后将 Excel 文件直接导入数据库，这是最简单也是最便捷的方法。接下来介绍导入的主要步骤。

（1）选择"导入向导"，如图 7-19 所示。

图 7-19　选择"导入向导"

（2）选择导入的文件格式，这里选 Excel 文件，如图 7-20 所示。

图 7-20 选择 Excel 文件格式

（3）选择已准备好的测试用例文件，如图 7-21 所示。

图 7-21 选择已准备好的测试用例文件

（4）选择要附加的选项，一般保持默认选项便可，如图 7-22 所示。

图 7-22 选择要附加的选项

（5）改变表中字段的长度，可将 request_body 字段的长度更改为 1000，以防止字段内容过长无法存储数据，如图 7-23 所示。

图 7-23　改变表中字段的长度

（6）选择导入模式，默认选项便可，如图 7-24 所示。

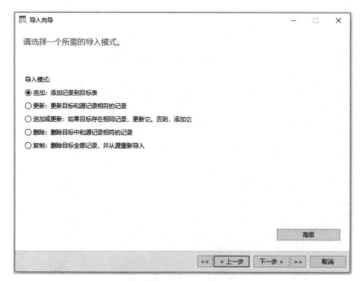

图 7-24　选择导入模式

（7）单击"开始"按钮，便可导入成功，如图 7-25 所示。

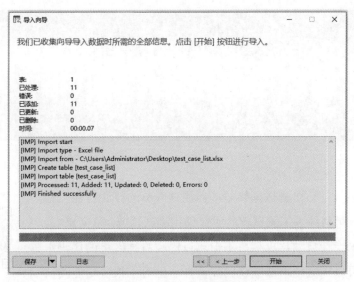

图 7-25 导入成功的界面

(8) Excel 文件导入成功后，数据库中便可以查询到表的信息，如图 7-26 所示。

图 7-26 数据库中查询到表的信息

其他测试用例的导入过程同上操作，请读者自行尝试。

在本章结束前，需要提醒读者，在第 8 章的内容开始之前，请将数据库中的测试用例准备好，因为第 8 章的内容将会用到数据库中的测试用例。

第 8 章　设计 ZrLog 项目接口自动化测试框架

设计接口自动化测试框架是接口测试人员的核心技能，它代表测试人员从纯手工测试转向了自动化测试领域，意义重大。利用代码来设计自动化框架，不但可以提高测试人员的代码水平，并且可以极大地增加测试的灵活性。但对于很多功能测试人员来说，并不知道自动化测试应该什么时候介入，自动化测试到底有什么作用。所以在本章的开头也对这两个问题做一下简要的说明。

本章视频二维码

- 何时介入自动化测试？通常情况下，当一个项目版本的功能非常稳定的时候可以介入自动化测试。反之，如果版本本身的功能不稳定，或者还有很多隐藏的 Bug 没有找出来，则不合适进行自动化的测试工作，因为自动化测试框架本身并不会主动发现问题，它只能按照程序设定的规则去运行。

- 自动化测试有什么作用？通常情况下，当一个稳定的版本增加新功能点的时候，可以使用自动化测试来测试版本原有功能点是否仍然稳定；另外在回归测试的时候，可以使用自动化测试来回归验证点以外的功能。

由于本书提供的 ZrLog 项目的版本功能已经非常稳定，因此可以用来进行自动化测试。在第 7 章中，已经设计完成 ZrLog 项目的接口自动化测试用例，本章将开始进行接口自动化框架的设计。本章涉及的框架代码请扫描封底"本书资源"二维码下载。

8.1　ZrLog 接口测试框架的环境

Zrlog 接口测试框架所涉及的环境及插件信息如表 8-1 所示。

表 8-1　环境及插件信息

环境名称	插件信息说明
Python	Windows 版的 Python 3.8 或以上版本
PyCharm	PyCharm 社区版和专业版均可
Requests	第 2 章已带读者安装
PyMySQL	第 5 章已带读者安装
pytest	第 6 章已带读者安装
pytest-html	第 6 章已带读者安装
ZrLog 被测系统	第 1 章已带读者搭建
ZrLog 项目测试用例存储环境及结构	第 7 章已带读者构建完成

8.2　ZrLog 接口测试框架设计的流程图

在正式设计 ZrLog 项目的接口测试框架之前，本节将给出框架设计的基本流程图，以便让读者更清晰地了解框架设计的基本思想和过程。框架设计流程图如图 8-1 所示。

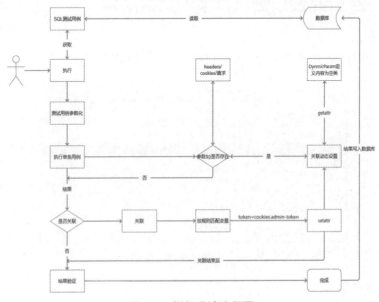

图 8-1　框架设计流程图

流程说明如下。

（1）测试开始，运行"执行用例"文件。

（2）按规则从数据库读取测试用例。

（3）根据读取的测试用例，使用参数化方式批量执行测试用例。

（4）按测试用例列表调用单条用例函数，分别执行。

（5）在执行用例过程中，首先判断参数 ${} 规则是否存在，如果不存在，则执行用例；如果存在，则动态关联，使用 getattr() 方法获取。

（6）执行完成后验证参数是否需要做关联操作，如果不需要，则进行结果验证，执行结束。

（7）如果需要关联，则按规则（例如 token=cookies.admin-token）进行设置，使用 setattr() 方法进行动态设置属性，结束后则进行结果验证，执行结束。

（8）将测试结果写入数据库，测试完成。

8.3　ZrLog 接口测试框架的层次结构

ZrLog 项目接口测试框架的整体层级设计如图 8-2 所示。

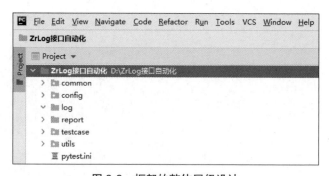

图 8-2　框架的整体层级设计

层级说明如下。

- common 层：用作存放测试程序所共用的方法，也是接口自动化框架中的核心层级。
- config 层：用作读取测试程序的各项配置信息和文件路径，为接口自动化框架的基础层级。
- log 层：用作存放测试程序在执行过程中所产生的日志信息，为接口自动化框架的基础层级。
- report 层：用作存放接口自动化测试报告，为接口自动化框架的基础层级。
- testcase 层：用作编写接口自动化测试用例脚本及测试执行，是 ZrLog 项目接口自动化框架的核心层级。
- utils 层：用作存放测试程序所用到的工具类，为接口自动化框架的基础层级。

另外，pytest.ini 文件是 pytest 测试框架的配置文件，其作用是制定 pytest 框架的运行规则。

从图 8-2 可以看到，整个框架分为 6 层（共有 6 个目录），每个层级当中封装了不同的方法和类，层级中的类方法和函数相互调用，并完成程序所要求的各项功能。

在本章的 8.4 节中将会从零开始介绍基础层级的设计；在 8.5 节中将会介绍核心层级的设计，并最终完成整个接口自动化框架的设计及运行。

8.4 ZrLog 接口测试框架基础层级设计

8.4.1 新建 ZrLog 接口自动化项目

在 PyCharm 中新建项目可分为三步。

第一步，在 PyCharm 文件菜单中选择 New Project 选项，如图 8-3 所示。

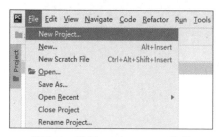

图 8-3　选择 New Project 选项

第二步，设置项目名称并选择 Python 解释器（interpreter），如图 8-4 所示。

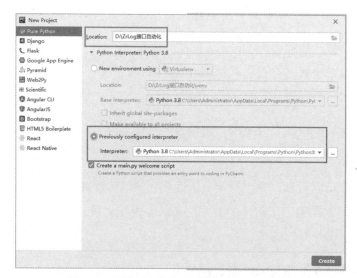

图 8-4　设置项目名称并选择 Python 解释器

第三步，单击图 8-4 中的 Create 按钮，便可创建 ZrLog 接口自动化项目，如图 8-5 所示。

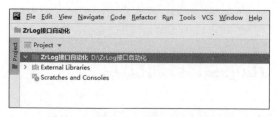

图 8-5　创建 ZrLog 接口自动化项目

8.4.2　建立 config 层并封装 settings.py 文件

config 层主要用作读取接口自动化测试中所需要的各项配置信息和文件路径，而 settings.py 文件负责存储这些配置信息。建立 config 层并封装 settings.py 文件的步骤可分为三步。

第一步，在 ZrLog 接口自动化项目下新建 config 包名，如图 8-6 所示。

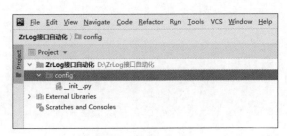

图 8-6　新建 config 包名

第二步，在 config 包名下新建 settings.py 文件，如图 8-7 所示。

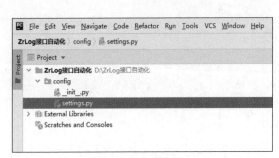

图 8-7　新建 settings.py 文件

第三步，在 settings.py 文件中编写接口框架所需要的配置信息代码，代码如例 8-1 所示。

【例 8-1】settings.py 文件代码清单。

```
# coding=utf-8
# 导入 os 库
import os
```

```python
# 获取文件的绝对路径
abs_path = os.path.abspath(__file__)
# print(abs_path)
# 获取文件所在目录的上一级目录, 也就是根目录
project_path = os.path.dirname(os.path.dirname(abs_path))
# print(project_path)
# 通过os.sep的方法来获取config目录的全路径
_conf_path = project_path + os.sep + "config"
# 通过os.sep的方法来获取log日志目录的全路径
_log_path = project_path + os.sep + "log"
# 通过os.sep的方法来获取report报告目录的全路径
_report_path = project_path + os.sep + "report"
# 数据库信息配置
DB_CONFIG = {"host": "192.168.47.128",
             "user": "root",
             "password": "123456",
             "database": "test",
             "port": 33506,
             "charset": "utf8"}
# 返回日志目录
def get_log_path():
    return _log_path
```

```python
# 返回报告目录
def get_report_path():
    return _report_path
# 返回config目录
def get_config_path():
    return _conf_path
# 占位用，勿删除
class DynamicParam:
    pass
# 测试代码
if __name__ == '__main__':
    print(get_log_path())
```

settings.py 文件在整个框架中的作用有以下三点。

- 定义了 log、report、config 目录的绝对路径，其他类可直接引用该变量获取绝对路径级。

- 定义了数据库配置信息，mysqlutil 工具类可直接引用该配置文件，初始化数据库连接。

- 定义了 DynamicParam 类，test_run 执行中，使用该类实现动态的设置/获取属性，实现关联变量功能。

8.4.3 建立 report 层存储测试报告

report 层负责存储测试报告，接口自动化测试脚本运行结束后，将会在该层级下自动生成 html 格式的测试报告。新建 report 层只需要在 ZrLog 接口自动化项目下新建 report 目录便可，如图 8-8 所示。

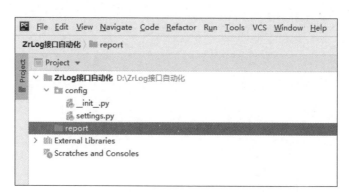

图 8-8　新建 report 层

在 pytest 执目完成后，该目录下生成的是每次执行后的测试报告，通过 pytest.ini 文件中的 addopts = -s -v --html=../report/report.html 参数进行设置。pytest.ini 文件在 6.7 节已讲述。

8.4.4　建立 log 层存储日志信息

log 层负责存储程序运行状态的日志，新建 log 层只需要在 ZrLog 接口自动化项目下新建 log 目录便可，如图 8-9 所示。

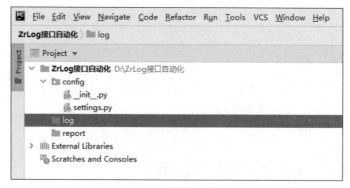

图 8-9　新建 log 层

接口自动化测试脚本运行结束后，将会在该层级下自动生成日志文件。

8.4.5 建立 utils 层存储工具类

utils 层主要用作存放接口框架所需要的各种工具类。在 ZrLog 接口自动化项目下新建 utils 层，如图 8-10 所示。

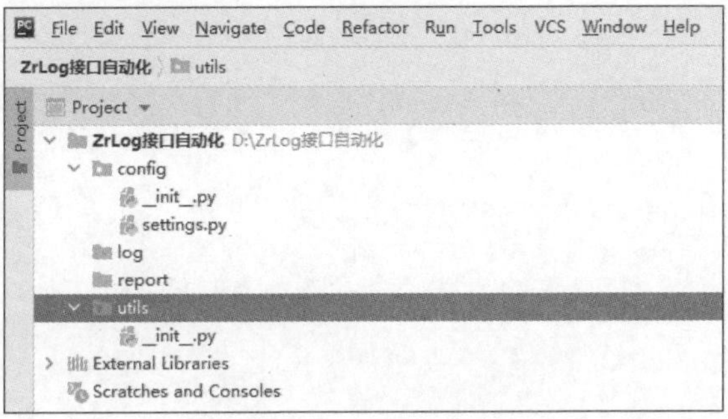

图 8-10　新建 utils 层

utils 层存放的工具类包括日志工具类、数据库工具类、测试用例读取工具类、HTTP 请求工具类。这些工具类将在后续的小节中进行阐述。

8.4.6 封装日志工具类

针对 Python 自带的 logging 库进行封装，方便统一调用，自定义控制台输出、日志文件生成等。封装日志工具类的步骤如下。

第一步，在 utils 包名下新建 logutil.py 文件，如图 8-11 所示。

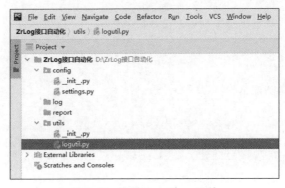

图 8-11　新建 logutil.py 文件

第二步，在 logutil.py 文件中创建日志工具类，代码清单如例 8-2 所示。

【例 8-2】logutil.py 文件代码清单。

```
# coding=utf-8
# 导入日志存放的路径
from config.settings import get_log_path
# 导入 logging 库
import logging
# 导入 time 库
import time
# 导入 os 库
import os
# 设置变量，目的是控制日志信息是否在控制台输出，True 为输出，False 为不输出
STREAM = True
# 设置日志工具类的类名
class LogUtil:
    def __init__(self):
        # 初始化日志对象，设置日志名称
        self.logger = logging.getLogger("logger")
        # 设置总的日志级别开关
        self.logger.setLevel(logging.DEBUG)
        # 避免日志重复
```

```python
        if not self.logger.handlers:
            # 定义日志名称
            self.log_name = '{}.log'.format(time.strftime("%Y_%m_%d", time.localtime()))
            # 定义日志路径及文件名称
            self.log_path_file = os.path.join(get_log_path(), self.log_name)
            # 定义文件处理handler
            fh = logging.FileHandler(self.log_path_file, encoding='utf-8', mode='w')
            # 设置文件处理handler的日志级别
            fh.setLevel(logging.DEBUG)
            # 日志格式变量
            formatter = logging.Formatter("%(asctime)s - %(filename)s[line:%(lineno)d] - %(levelname)s: %(message)s")
            # 设置打印格式
            fh.setFormatter(formatter)
            # 添加handler
            self.logger.addHandler(fh)
            # 关闭handler
            fh.close()
            # 控制台输出
            if STREAM:
```

```python
            # 定义控制台输出流 handler
            fh_stream = logging.StreamHandler()
            # 控制台输出日志级别
            fh_stream.setLevel(logging.DEBUG)
            # 设置打印格式
            fh_stream.setFormatter(formatter)
            # 添加 handler
            self.logger.addHandler(fh_stream)

    def log(self):
        # 返回定义好的 logger 对象,对外直接使用 log 函数即可
        return self.logger

# 其他程序可直接调用 logger 对象
logger = LogUtil().log()
# 测试代码
if __name__ == '__main__':
    logger.info('test')
```

logutil.py 文件在整个框架中的作用有以下四点。

- 在此框架中其他文件可直接通过 log 方法使用日志功能。
- 通过 setLevel 定义了日志级别、info 级别、debug 级别等。
- 通过不同的 handler 来实现控制台日志的输出和日志文件的生成。
- 日志文件按每天进行日志切割。

8.4.7 封装数据库工具类

数据库工具类在接口框架中提供操作数据库的功能，实现连接数据库、查询、更新等操作。封装数据库工具类的步骤如下。

第一步，在 utils 包名下新建 mysqlutil.py 文件，如图 8-12 所示。

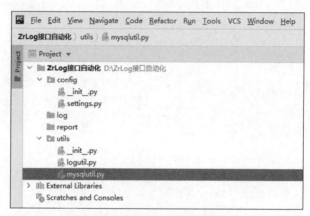

图 8-12 新建 mysqlutil.py 文件

第二步，在 mysqlutil.py 文件中创建数据库工具类，代码清单如例 8-3 所示。

【例 8-3】mysqlutil.py 文件代码清单。

```
# coding=utf-8

# 导入pymysql库

import pymysql

# 导入数据库的配置信息

from config.settings import DB_CONFIG

# 导入记录日志的对象

from utils.logutil import logger

# 设置数据库工具类的名称

class MysqlUtil:
```

```python
def __init__(self):
    # 读取配置文件，初始化 pymysql 数据库连接
    self.db = pymysql.connect(**DB_CONFIG)
    # 创建数据库游标
    self.cursor=self.db.cursor(cursor=pymysql.cursors.DictCursor)
# 获取单条数据
def get_fetchone(self, sql):
    # 执行 sql
    self.cursor.execute(sql)
    # 查询单条数据，结果返回
    return self.cursor.fetchone()
# 获取多条数据
def get_fetchall(self, sql):
    # 执行 sql
    self.cursor.execute(sql)
    # 查询多条数据，结果返回
    return self.cursor.fetchall()
# 执行更新类 sql
def sql_execute(self, sql):
    try:
        # db 对象和游标对象同时存在
```

```python
            if self.db and self.cursor:
                # 执行 sql
                self.cursor.execute(sql)
                # 提交执行 sql 到数据库，完成 insert 或者 update 相关操作
                self.db.commit()
        except Exception as e:
            # 出现异常时，数据库回滚
            self.db.rollback()
            # 打印日志
            logger.error("sql 语句执行错误，已执行回滚操作 ")
            # 返回结果为失败
            return False

    # 关闭对象，staticmethod 静态方法，可以直接使用类名.静态方法
    @staticmethod
    def close(self):
        # 判断游标对象是否存在
        if self.cursor is not None:
            # 如果存在，则关闭指针
            self.cursor.close()
        # 判断数据库对象是否存在
        if self.db is not None:
```

```
            # 如果存在,则关闭数据库对象
            self.db.close()
# 测试代码
if __name__ == '__main__':
    mysql = MysqlUtil()
    res = mysql.get_fetchall("select * from test_case_list")
    print(res)
```

mysqlutil.py 文件在整个框架中的作用有以下五点。

❑ __init__() 方法初始化数据库连接,创建数据库指针,根据初始化对象可进行相关操作。

❑ get_fetchone() 方法查询单行,后文中的 readmysql.py 文件及 RdTestcase 类中的 loadConfkey() 方法调用该方法,获取单条配置信息。

❑ get_fetchall() 方法查询所有行,readmysql.py 文件及 RdTestcase 类中的 load_all_case() 方法将调用该方法,获取所有测试用例信息。

❑ sql_execute() 方法执行 sql 语句,readmysql.py 文件及 RdTestcase 类中的 updateResults() 方法调用该方法,将测试结果更新到数据库。

❑ close() 方法定义为静态方法,可使用"类.方法"直接调用,test_run.py 文件及 TestApi 类中的 teardown_class() 方法调用该方法,执行测试用例过程只在结束时执行一次该方法,关闭数据库连接。

8.4.8 封装测试用例读取工具类

测试用例读取工具类在接口框架中实现按需读取数据库中的测试用例,更新数据库等操作。封装数据库工具类的操作步骤如下。

第一步,在 utils 包名下新建 readmysql.py 文件,如图 8-13 所示。

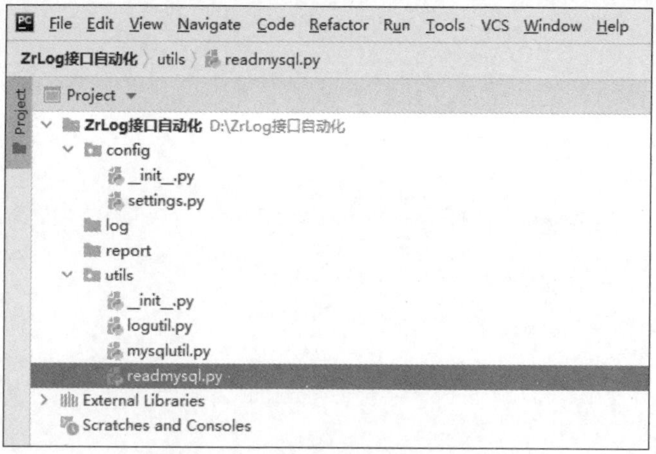

图 8-13 新建 readmysql.py 文件

第二步，在 readmysql.py 文件中创建测试用例读取工具类，代码清单如例 8-4 所示。

【例 8-4】readmysql.py 文件代码清单。

```
# coding=utf-8
# 导入 datetime 库
import datetime
# 导入 json 库
import json
# 导入 MysqlUtil 类
from utils.mysqlutil import MysqlUtil
# 导入 logger 对象
from utils.logutil import logger
# 初始化 mysql 工具类
mysql = MysqlUtil()
```

```python
# 定义获取测试用例类
class RdTestcase:
    # 加载所有的测试用例
    def load_all_case(self, web):
        # 定义SQL语句，根据条件web查询test_case_list表中所有测试用例
        sql = f"select * from `test_case_list` where web = '{web}'"
        # 调用工具类方法，获取所有数据
        results = mysql.get_fetchall(sql)
        # 返回结果
        return results
    # 筛选可执行的用例
    def is_run_data(self, web):
        # 根据条件isdel==1筛选可执行的测试用例列表
        run_list = [case for case in self.load_all_case(web) if case['isdel'] == 1]
        # 返回可执行测试用例列表
        return run_list
    # 获取配置信息
    def loadConfkey(self, web, key):
        # 根据web和key查询test_config相关配置信息
        sql = f"select * from `test_config` where web='{web}'
```

```python
and `key`='{key}'"
        # 调用方法查询1条结果
        results = mysql.get_fetchone(sql)
        # 返回结果
        return results
    # 更新测试结果
    def updateResults(self, response, is_pass, case_id):
        # 获取当前时间
        current_time = datetime.datetime.now().strftime('%Y-%m-%d %H:%M:%S')
        # 更新测试用例执行结果，插入test_result_recorde表
        sql = f"insert into `test_result_record`(case_id,times,response,result) values ('{case_id}','{current_time}','{json.dumps(response, ensure_ascii=False)}','{is_pass}')"
        # 执行insert操作
        rows = mysql.sql_execute(sql)
        # 打印日志
        logger.debug(sql)
        # 返回更新结果True/False
        return rows


# 测试代码
if __name__ == '__main__':
```

```
test = RdTestcase()
res = test.updateResults({
'code': 200,
'body': {'error': 1,
'message': '用户名和密码都不能为空'},
'cookies': {}},
'True', '4565')
print(res)
```

readmysql.py 文件在整个框架中的作用有以下四点。

- load_all_case() 方法加载所有的测试用例。is_run_data() 方法调用该方法，获取所有的测试用例。

- is_run_data() 方法筛选可执行的测试用例，test_run.py 文件调用该方法。case_data.is_run_data('zrlog') 根据条件 web 获取所有测试用例，最后根据条件 isdel==1 筛选可执行的测试用例列表。

- loadConfkey() 方法获取配置信息。test_run.py 文件 TestApi 类 test_run() 方法调用该方法，实现从数据库获取 url 信息，并拼接完整的 url 信息。

- updateResults() 方法将测试结果更新到数据库。test_run.py 文件 TestApi 类 assert_respoes() 方法调用该方法，无论测试结果是否正确，都把结果更新到数据库。

8.4.9 封装 HTTP 请求工具类

HTTP 请求工具类在接口框架中提供发送 HTTP 请求等操作。封装 HTTP 请求工具类的步骤如下。

第一步，在 utils 包名下新建 requestsutil.py 文件，如图 8-14 所示。

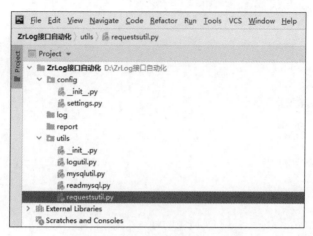

图 8-14　新建 requestsutil.py 文件

第二步，在 requestsutil.py 文件中创建 HTTP 请求工具类，代码清单如例 8-5 所示。

【例 8-5】requestsutil.py 文件代码清单。

```
# coding=utf-8
# 导入 Requests 库
import requests
# 导入 logger 对象
from utils.logutil import logger
# 定义 HTTP 请求类
class RequestSend:
    # 封装 requests 请求函数
    def api_run(self, url, method, data=None, headers=None, cookies=None):
        # 定义变量，获取响应结果
```

```
res = None
# 打印日志
logger.info("请求的url为{}, 类型为{}".format(url, type(url)))
# 打印日志
logger.info("请求的method为{}, 类型为{}".format(method, type(method)))
# 打印日志
logger.info("请求的data为{}, 类型为{}".format(data, type(data)))
# 打印日志
logger.info("请求的headers为{}, 类型为{}".format(headers, type(headers)))
# 打印日志
logger.info("请求的cookies为{}, 类型为{}".format(cookies, type(cookies)))
# 判断请求方法
if method == "get":
    # 如果是get方法，则执行下面命令，发送HTTP请求，方法为get
    res=requests.get(url,data=data,headers=headers,cookies=cookies)
# 如果是post方法，则执行下面命令
elif method == "post":
    # 判断请求的数据类型是否是json格式
```

```
            if headers == {"Content-Type": "application/json"}:
                # 发送 HTTP 请求，方法为 post，参数使用 json=data
                res=requests.post(url,json=data,headers=headers, cookies=cookies)
                # 判断请求的内容是否是表单格式
            elif headers == {"Content-Type": "application/x-www-form-urlencoded"}:
                # 发送 HTTP 请求，方法为 post，参数使用 data=data
                res=requests.post(url,data=data,headers=headers, cookies=cookies)
        # 获取请求响应的状态码
        code = res.status_code
        # 获取请求响应的 cookies
        cookies = res.cookies.get_dict()
        # 定义字典
        dict1 = dict()
        # 异常处理
        try:
            # 获取响应结果 json 格式
            body = res.json()
        # 捕获异常
        except:
            # 获取响应结果 text
```

```python
            body = res.text
        # 自定义参数code写入字典
        dict1['code'] = code
        # 自定义参数body写入字典
        dict1['body'] = body
        # 自定义参数cookies写入字典
        dict1['cookies'] = cookies
        # 返回自定义字典
        return dict1
    # 对外调用方法，**kwargs 传入的参数是dict类型
    def send(self, url, method, **kwargs):
        # 调用自定义方法
        return self.api_run(url=url, method=method, **kwargs)


# 测试代码
if __name__ == '__main__':
    url = "http://192.168.47.128/api/admin/login"
    data = {"userName": "admin", "password": 123456, "https": False, "key": 1606792942688}
    method = "post"
    headers = {"Content-Type": "application/json"}
    print(RequestSend().send(url=url, method=method, headers=headers, data=data))
```

requestsutil.py 文件在整个框架中的作用有以下两点。

❑ api_run() 方法封装 requests 请求的方法，按自定义返回结果到字典中，方便使用。Send() 方法调用该方法，api_run() 方法不直接对外使用。

❑ send() 方法调用 api_run() 方法，对外使用。test_run.py 文件 TestApi 类 test_run() 方法调用该方法，实现执行测试用例，发送 HTTP 请求。

8.4.10　新建 pytest.ini 配置文件

pytest.ini 是 pytest 测试框架的配置文件，pytest 框架将按此配置文件中指定的方式运行。新建 pytest.ini 文件的步骤如下。

第一步，在 ZrLog 项目根目录下新建 pytest.ini 文件，如图 8-15 所示。

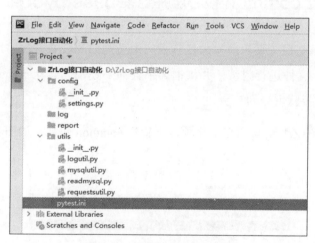

图 8-15　新建 pytest.ini 文件

第二步，在 pytest.ini 文件中开始编写 pytest 框架的运行规则，代码清单如例 8-6 所示。

【例 8-6】pytest.ini 文件代码清单。

```
[pytest]

addopts = -s -v --html=../report/report.html
```

```
testpaths = testcase

python_files = test_*.py

python_classes = Test*

python_functions = test*
```

pytest.ini 文件中的代码已在 6.7 节做了详细说明及解释，请读者自行参考，此处不再重复说明。

8.5 ZrLog 接口测试框架核心层级设计

8.5.1 建立 common 核心层并封装 base.py 文件

common 核心层主要用作存放接口框架中所需要的公共方法，这些公共方法将通过 base.py 文件进行封装，并供框架中其他类使用。建立 common 层并封装 base.py 文件的步骤可分为三步。

第一步，在 ZrLog 接口自动化项目下新建 common 包名，如图 8-16 所示。

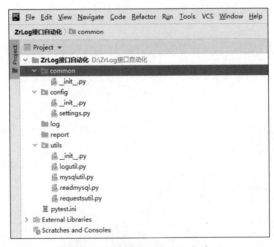

图 8-16　新建 common 包名

第二步，在 common 包名下新建 base.py 文件，如图 8-17 所示。

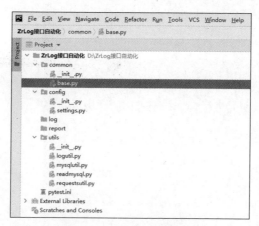

图 8-17　新建 base.py 文件

第三步，在 base.py 文件中编写接口框架所需要的公共方法，代码清单如例 8-7 所示。

【例 8-7】base.py 文件代码清单。

```
# coding=utf-8
# 导入 json 库
import json
# 导入 Template 类
from string import Template
# 导入 re 库
import re
# 根据参数匹配内容
def find(data):
    # 判断 data 类型是否为字典
    if isinstance(data, dict):
```

```python
        # 对象格式化为 str
        data = json.dumps(data)
        # 定义正则匹配规则
        pattern = "\\\${(.*?)}"
        # 按匹配进行查询,把查询的结果返回
        return re.findall(pattern, data)
# 进行参数替换
def relace(ori_data, replace_data):
    # 对象格式化为 str
    ori_data = json.dumps(ori_data)
    # 处理字符串的类,实例化并初始化原始字符
    s = Template(ori_data)
    # 使用新的字符,替换
    return s.safe_substitute(replace_data)
# 根据 var,逐层获取 json 格式的值
def parse_relation(var, resdata):
    # 判断变量 var 是否存在
    if not var:
        # 如果变量 var 不存在,则直接返回 resdata 内容
        return resdata
    else:
        # 如果变量 var 存在,则获取数组第 1 个内容
        resdata = resdata.get(var[0])
```

```python
    # 从数组中删除第 1 个内容
    del var[0]
    # 递归
    return parse_relation(var,resdata)

# 测试代码
if __name__ == '__main__':
    ori_data = {"admin-token": "${token}"}
    replace_data = {'token': 'x015k878'}
    print(relace(ori_data, replace_data))
```

base.py 文件封装的公共方法在整个框架中的作用有以下三点。

❏ find() 方法根据参数匹配内容，TestApi 类中 correlation() 方法实现过程中会调用该方法，查询是否有关联参数需要进行关联操作。如果有则进行关联，如果无则不进行关联。

❏ relace() 方法进行参数替换，TestApi 类中 correlation 方法实现过程中会调用该方法，把需要关联的参数进行关联操作，根据定义的变量及获取规则，把具体的响应结果值赋值给该变量，目的是后续把该值动态的设置到 DynamicParam 类的属性中。

❏ parse_relation() 方法根据 var 逐层获取 json 格式的值，TestApi 类中 set_relation() 方法实现过程中会调用该方法，在响应结果 res_data 中，根据条件进行匹配获取最终的 json 的值。例如如果条件是 token=cookies.admin-token，则响应结果的值为 {'admin-token' : '1#684D6D5375314754354F5349507035687931466A4467496E695434734B454766334A56634B412F6F507369514258544A79625069792F335937304E4D6C56670423850763955424D64364E77306533507161A6B323915175973634E6142557346624B306A4A94461614F6A553D'}。

8.5.2 建立 testcase 核心层并封装 test_run.py 文件

testcase 层是整个接口框架中最重要的层级，用来存放接口框架中的主程序文件 test_run.py 文件。test_run.py 文件提供测试用例执行的入口，用例执行，结果验证等功能。建立 testcase 层并封装 test_run.py 文件的步骤可分为三步。

第一步，在 ZrLog 接口自动化项目下新建 testcase 包名，如图 8-18 所示。

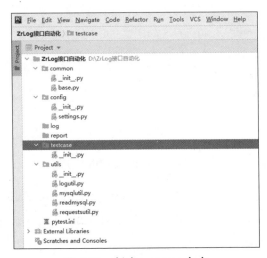

图 8-18 新建 testcase 包名

第二步，在 testcase 包名下新建 test_run.py 文件，如图 8-19 所示。

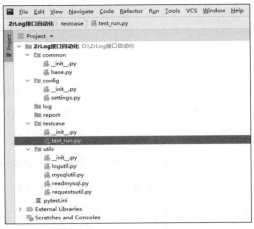

图 8-19 新建 test_run.py 文件

第三步，在 test_run.py 文件中编写接口框架主程序脚本，代码清单如例 8-8 所示。

【例 8-8】test_run.py 文件代码清单。

```
# coding=utf-8
# 导入 datetime 库
import datetime
# 导入 DynamicParam 类
from config.settings import DynamicParam
# 导入 logger 对象
from utils.logutil import logger
# 导入 base() 方法
import common.base as Base
# 导入 json 库
import json
# 导入 pytest 框架
import pytest
# RdTestcase 类
from utils.readmysql import RdTestcase
# 导入 RequestSend 类
from utils.requestsutil import RequestSend


# 初始化类
attribute = DynamicParam()
```

```python
# 实例化测试用例对象
case_data = RdTestcase()
# 根据测试用例对象获取测试用例列表
case_list = case_data.is_run_data('zrlog')
# 获取当前时间
current_time = datetime.datetime.now().strftime('%Y-%m-%d %H:%M:%S')


# 测试用例执行类
class TestApi:
    # 类方法,运行开始前只执行1次
    def setup_class(self):
        # 打印日志
        logger.info(f"***** 开始执行测试用例,开始时间为:{current_time} *****")


    # 类方法,运行结束后只执行1次
    def teardown_class(self):
        # 打印日志
        logger.info(f"***** 执行用例完成,完成时间为:{current_time} *****")


    # 测试用例参数化
```

```python
@pytest.mark.parametrize('case', case_list)
def test_run(self, case):
    # 定义变量
    res_data = None
    # 根据条件，从数据库获取url信息，并拼接完整url信息
    url=case_data.loadConfkey('zrlog', 'url_api')['value'] + case['url']
    # 获取method内容
    method = case['method']
    # 获取headers内容，格式化字符为字典
    headers = eval(case['headers'])
    # 获取cookies内容，格式化字符为字典
    cookies = eval(case['cookies'])
    # 获取请求内容，格式化字符为字典
    data = eval(case['request_body'])
    # 获取关联内容
    relation = str(case['relation'])
    # 获取测试用例名称
    case_name = case['title']


    # 根据关联获取headers参数中是否有变量需要被替换，有则替换，无则默认
    headers = self.correlation(headers)
```

根据关联获取cookies参数中是否有变量需要被替换，有则替换，无则默认

```
cookies = self.correlation(cookies)
```

根据关联获取data参数中是否有变量需要被替换，有则替换，无则默认

```
data = self.correlation(data)
```

异常处理

```
try:
```

　　# 打印日志

```
    logger.info("正在执行{}用例".format(case_name))
```

　　# 执行测试用例，发送HTTP请求

```
    res_data = RequestSend().send(url, method, data=data, headers=headers, cookies=cookies)
```

　　# 打印日志

```
    logger.info("用例执行成功，请求的结果为{}".format(res_data))
```

　　# 异常捕获

```
except:
```

　　# 打印日志

```
    logger.info("用例执行失败，请查看日志找原因。")
```

　　# 断言结果为失败

```
    assert False
```

```
        # 判断 res_data 是否存在
    if res_data:
            # res_data 存在后,判断 relation 不为 None
        if relation != "None":
                # 根据响应结果,以及关联信息(token=cookies.admin-token),设置变量 token 的值为响应结果的信息
            self.set_relation(relation, res_data)
    # 对结果进行验证
    self.assert_respoes(case, res_data)
    # 返回 res_data 信息
    return res_data


# 响应结果关联设置函数
def set_relation(self, relation, res_data):
    # 异常处理
    try:
            # 判断 relation 内容为 True
        if relation:
                # 根据,进行分割,结果为 List
            relation = relation.split(",")
                # 循环打印 relation 列表
            for i in relation:
                    # 根据=进行分割
```

```
                    var = i.split("=")
                    # 列表第 1 个值设置为 var_name
                    var_name = var[0]
                    # 列表第 2 值内容按 . 进行分割，结果内容保存到
变量 var_tmp
                    var_tmp = var[1].split(".")
                    # 在响应结果 res_data 中，根据条件 var_tmp
进行匹配
                    res = Base.parse_relation(var_tmp, res_data)
                    # 打印信息
                    print(f"{var_name}={res}")
                    # 把定义的变量名称和值以属性的方式设置到
DynamicParam 类中，实现动态存储
                    setattr(DynamicParam, var_name, res)

        # 捕获异常
        except Exception as e:
            # 打印异常信息
            print(e)
    # 根据关联，获取该变量内容
    def correlation(self, data):
        # 根据正则，获取数据
        res_data = Base.find(data)
```

```python
        # 判断 res_data 为 True
        if res_data:
            # 定义空的字典
            replace_dict = {}
            # 循环打印
            for i in res_data:
                # 根据名称，从 DynamicParam 动态获取属性值，并把结果内容赋值给变量 data_tmp
                data_tmp = getattr(DynamicParam, str(i), "None")
                # 把结果更新到字典 replace_dict 中
                replace_dict.update({str(i): data_tmp})
            # 参数进行替换，并把 str 转换为 Python 对象
            data = json.loads(Base.relace(data, replace_dict))
        # 返回结果
        return data


    # 结果验证方法
    def assert_respoes(self, case, res_data):
        # 变量初始化为 False
        is_pass = False
        # 异常处理，捕获 assert 抛出的异常，不直接抛出
        try:
```

```python
        # 根据结果进行断言验证
        assert int(res_data['body']['error']) == int(case['expected_code'])
        # 打印信息
        logger.info("用例断言成功")
        # 设置变量为True
        is_pass = True
    # 捕获异常
    except:
        # 设置变量为False
        is_pass = False
        # 打印日志
        logger.info("用例断言失败")
    # 无论是否出现异常，都执行下面的代码内容
    finally:
        # 把结果更新到数据库
        case_data.updateResults(res_data, is_pass, str(case['id']))
        # 根据结果是True还是False进行断言验证，成功则通过，失败则未通过
        assert is_pass
    # 返回该变量结果
    return is_pass
```

```
# 主程序执行入口
if __name__ == '__main__':
    pytest.main(['-s', '-v', 'test_run.py'])
```

test_run.py 主程序文件在整个框架中的作用有以下几点。

- 在测试过程中，setup_class() 类方法只在运行开始前执行 1 次。在此函数中主要是打印日志表示测试执行开始。

- 在测试过程中，teardown_class() 类方法只在运行结束后执行 1 次。在此函数中打印日志表示测试执行结束。

- test_run() 方法是测试用例执行的方法，根据从数据库读取的测试用例按条件进行筛选后，生成执行用例列表，并实现参数化执行。

- test_run() 方法实现参数化是以注解方式（@pytest.mark.parametrize('case', case_list)）实现的，测试用例执行列表通过 case_data.is_run_data('zrlog') 方法来实现。

- test_run() 方法将会获取测试用例相关信息，获取 url 并通过 loadConfkey 实现 url 的拼接，根据执行用例信息获取 method 内容、获取 headers 内容并格式化字符为字典、获取 cookies 内容并格式化字符为字典、获取请求内容并格式化字符为字典、获取关联内容并获取测试用例名称。根据关联，验证 headers、cookies 及 data 参数中是否有变量需要被替换，有则替换，无则用默认值，调用 correlation() 方法实现变量替换。执行测试用例发送 HTTP 请求时，使用 requestsutil.py 文件中的 RequestSend().send() 方法实现。执行 HTTP 请求后，如果请求结果有内容，则判断 relation 是否为 None，如果不为 None，则读取关联信息（token=cookies.admin-token），并使用 set_relation() 方法来设置变量 token 真实的值。最后调用 assert_respoes() 方法进行结果验证，并把测试结果写入数据库。

- set_relation() 方法根据响应结果关联设置函数。test_run() 方法调用该方法，实现关联操作，使用动态设置属性的方式实现 setattr(DynamicParam, var_name, res)。

- correlation() 方法根据关联获取变量内容，test_run() 方法调用该方法，实现获取变量具体的值。

- assert_respoes() 方法用来校验运行结果，并把测试结果写入数据库。使用 pytest 中的 assert() 方法来实现断言，并调用 updateResults() 方法来实现写入数据库功能。

至此，ZrLog 接口自动化框架已设计好，读者可按照 8.4 节和 8.5 节的步骤来完成框架的构建。

8.5.3 通过 pytest 框架运行 test_run.py 文件

运行主程序的方式有多种，在这里介绍两种运行的方式。

第一种方式，在主程序文件 test_run.py 中找到"if __name__ == '__main__':"的代码，并单击左边的运行按钮来运行程序，如图 8-20 所示。

```
if __name__ == '__main__':
    pytest.main(['-s', '-v', 'test_run.py'])
```

图 8-20 运行按钮

第二种方式，选定"if __name__ == '__main__':"所在行的代码，右击，然后在弹出的快捷菜单中选择"Run 'pytest in test_run.py...'"选项进行运行，如图 8-21 所示。

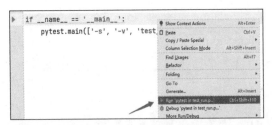

图 8-21 选择 Run 'pytest in test_run.py...' 选项

8.5.4 通过 log 层查看运行日志

test_run.py 文件运行完成后，在 log 层下面将自动生成 ZrLog 接口测试框架的运行日志，日志文件按日期每天进行切割，本轮运行的日志文件的名称为 2021_06_27.log，如图 8-22 所示。

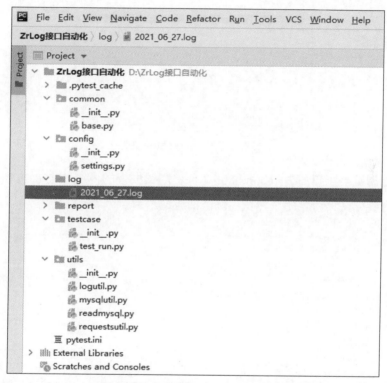

图 8-22　生成 2021_06_27.log 文件

2021_06_27.log 文件日志内容请读者扫描封底"本书资源"二维码下载。

8.5.5 通过 report 层查看测试报告

test_run.py 文件运行完成后，除了生成日志内容，还会在 report 层下自动生成 ZrLog 接口测试框架的测试报告，测试报告的文件名为 report.html，如图 8-23 所示。

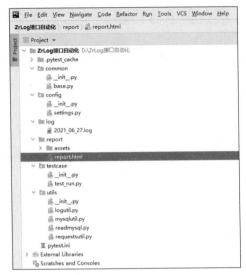

图 8-23　生成 report.html 文件

通过浏览器可以打开 report.html 文件，测试报告的内容如图 8-24 所示，从报告的内容可以看到，11 个测试用例全部通过。

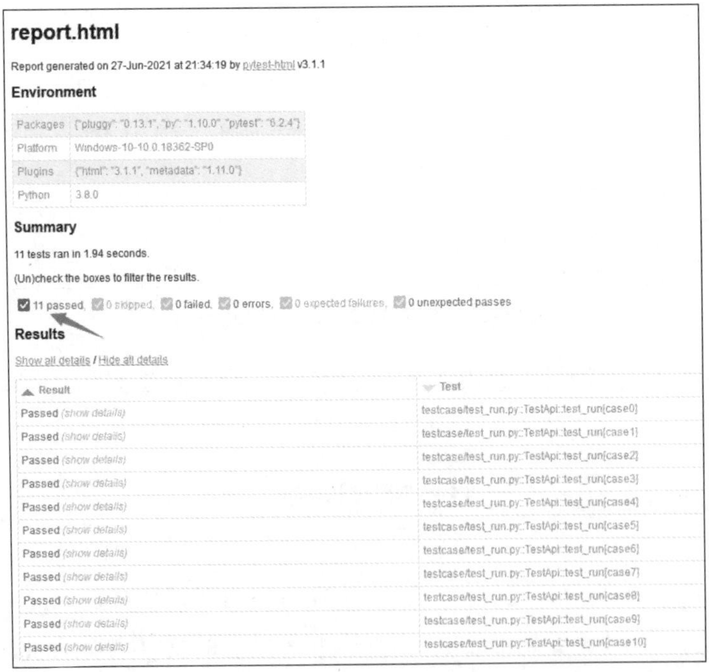

图 8-24　测试报告的内容

第 9 章 接口自动化的持续集成

接口自动化框架设计完成后，并不只是运行一次就能完成工作。随着新功能点的不断增加，测试环境的不断变迁，为了保证已有的接口功能正常运行，接口自动化框架就需要不间断地运行，以便随时检测程序有可能出现的 bug。想接口自动化框架持续运行，就需要构建持续集成运行的环境。持续集成即 Continuous integration（CI），是指把代码仓库（gitee 或者 Github）、构建工具（如 Jenkins）和测试运行的环境集成在一起，频繁地将代码合并到主干，然后不定时进行自动构建和测试。本章将会讲解 ZrLog 接口自动化项目如何实现持续集成。

本章视频二维码

9.1 持续集成所涉及的环境

持续集成所涉及的环境及插件信息如表 9-1 所示。

表 9-1 环境及插件信息

环境名称	信息说明
gitee.com	用于管理代码的远程仓库
Git	本地版本管理工具
Jenkins	持续集成工具
Linux 系统	Centos 7.9 版本（和 ZrLog 项目共用），用于安装 Jenkins 容器的操作系统
Python 版本	Python 3.8.5 源码包，安装在 Jenkins 容器的 Python 运行环境，用于运行 Jenkins 拉取过来的代码
Python 其他插件（pytest、Requests、PyMySql、pytest-html）	通过 pip3 在线安装

9.2 持续集成运行的流程图

在搭建持续集成的环境之前,本节将给出持续集成的基本运作流程图,如图 9-1 所示。

流程说明如下。

(1)通过 Git 命令将本地 ZrLog 接口自动化项目下的所有文件及文件夹提交到 Git 本地仓库。

(2)建立 Git 本地仓库与 gitee 远程仓库的信任关系,并从 Git 本地仓库将 ZrLog 接口自动化项目下的所有文件及文件夹推送到 gitee 远程仓库。

(3)建立 Jenkins 平台与 gitee 远程仓库的信任关系,并从 gitee 远程仓库中拉取 ZrLog 接口自动化项目下的所有文件及文件夹到 Jenkins 平台的工作目录。

(4)Jenkins 平台将拉取到的 ZrLog 接口自动化项目下的所有文件及文件夹,推送到 Python 3 的运行环境中。

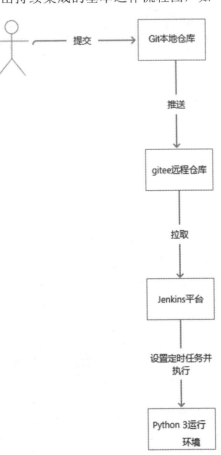

图 9-1 持续集成的基本运作流程图

(5)最后通过 Jenkins 平台构建定时任务并执行,最终实现 ZrLog 接口自动化的持续运行。

9.3 注册并建立远程仓库

gitee.com 是开源中国社区团队推出的基于 Git 的快速的、免费的、稳定的在线代码托管平台。gitee 远程仓库的使用流程如下。

（1）进入 gitee 远程仓库的官网进行个人账号的注册，如图 9-2 所示。

（2）使用个人账号登录 gitee 远程仓库，如图 9-3 所示。

图 9-2　个人账号的注册　　　　　　图 9-3　登录 gitee 远程仓库

（3）新建 ZrLog 项目的远程仓库，远程仓库名为 ZrLog，如图 9-4 所示。

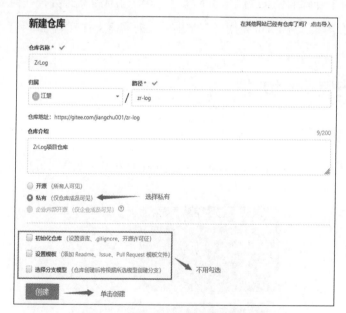

图 9-4　新建 ZrLog 项目的远程仓库

（4）查看 ZrLog 仓库的地址信息，如图 9-5 所示。

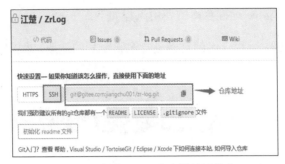

图 9-5　查看 ZrLog 仓库的地址信息

至此，远程仓库已建立。

9.4　安装并使用 Git 版本管理工具

Git 是一个开源的分布式版本控制系统，用于敏捷高效地处理任何或小或大的项目代码。在本框架中，Git 将用于把本地仓库的所有文件代码推送到远程仓库中。

9.4.1　安装 Git 客户端

Git 客户端安装的主要步骤如下。

（1）进入 Git 官网下载 Windows 版的 Git 客户端，如图 9-6 所示。

图 9-6　下载 Git 客户端

（2）下载完成后双击安装包进入安装首页，如图 9-7 所示。

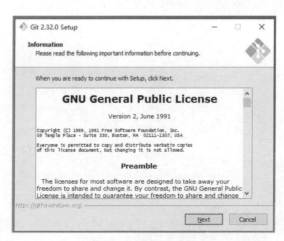

图 9-7　Git 安装首页

（3）对新手而言，安装 Git 过程中其他页面均选择默认选项即可，安装结束的界面如图 9-8 所示。

图 9-8　Git 安装结束的界面

9.4.2　初始化 Git 本地仓库

初始化 Git 本地仓库，步骤如下。

（1）在 ZrLog 接口自动化项目的根目录下右击，在弹出的快捷菜单中选择 Git Bash Here 选项，如图 9-9 所示。

图 9-9 选择 Git Bash Here 选项

（2）选择 Git Bash Here 选项后将进入 Git 命令行界面，如图 9-10 所示。

图 9-10 进入 Git 命令行界面

（3）因为 Git 是分布式版本控制系统，所以需要使用 git config --global 这个参数来填写个人用户名和邮箱，作为一个标识，如图 9-11 所示。

图 9-11 设置个人用户名和邮箱

注意 git config --global 这个参数，有它表示这台机器上所有的 Git 仓库都会使用这个配置，当然你也可以对某个仓库指定的不同的用户名和邮箱。

（4）通过执行 git init 命令可以把"D:\ZrLog 接口自动化"这个目录变成 Git 可以管理的仓库，如图 9-12 所示。

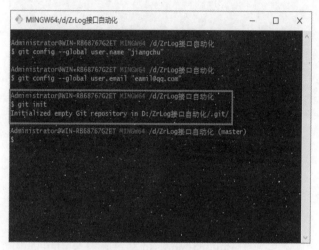

图 9-12　初始化本地仓库

初始化后，"D:\ZrLog 接口自动化"目录下会多了一个 .git 的目录，这个目录是隐藏的，可通过 ls -a 来查看，此目录是 Git 用来跟踪管理版本的，不能手动删除或更改这个目录里面的文件，否则会破坏 Git 本地仓库的正常使用。

至此，Git 本地仓库已初始化完成。

9.4.3　建立与远程仓库的信任关系

将 Git 本地仓库的代码提交到 gitee 远程仓库时，双方需要建立起信任关系，步骤如下。

（1）通过 Git 命令行界面执行 ssh-keygen 命令，并生成公钥，如图 9-13 所示。

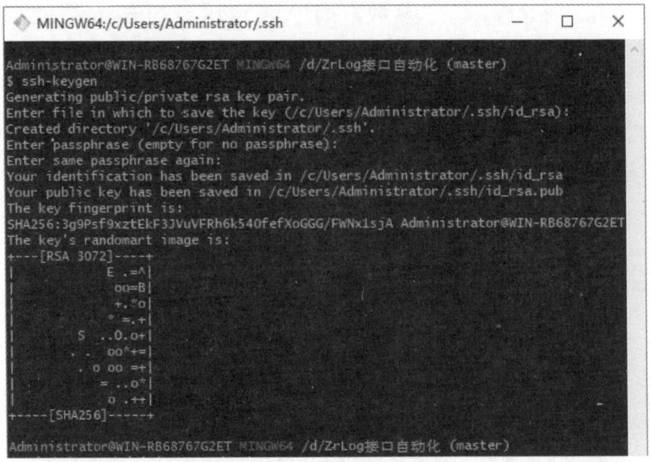

图 9-13　生成公钥

对新人而言，在执行 ssh-keygen 命令后，可直接选择连续按回车键，来完成公钥和私钥的生成，从图 9-13 可以看到，生成公钥和私钥的目录为"/c/Users/Administrator/.ssh"。

（2）通过 ls /c/Users/Administrator/.ssh 命令查看公钥和私钥的名称（公钥的文件名为 id_rsa.pub，私钥的文件名为 id_rsa）；通过 cat /c/Users/Administrator/.ssh/id_rsa.pub 命令查看公钥的内容，并对公钥的内容进行复制，如图 9-14 所示。

图 9-14　查看并复制公钥

（3）登录 gitee 远程仓库，通过"个人设置"选项找到 SSH 公钥页面，并将刚刚复制的公钥内容粘贴到公钥的输入框中并保存，如图 9-15 所示。

图 9-15　保存公钥

公钥粘贴完成后，Git 本地仓库的私钥和 gitee 远程仓库的公钥实现配对，并建立起了信任关系，这意味着 Git 本地仓库可直接推送代码到 gitee 远程仓库。

9.4.4　通过 Git 命令提交代码到远程仓库

通过 Git 命令提交本地仓库代码到 gitee 远程仓库（在 9.3 节中已在 gitee 上建立 ZrLog 这个远程仓库），步骤如下。

（1）在 Windows 系统中的换行符为 CRLF，而在 Linux 系统下的换行符为 LF，所以在执行 Git 相关命令时会提示警告信息。所以在提交代码之前需通过 Git 命令行执行 git config --global core.autocrlf false 命令，用于解决符号转义的问题，如图 9-16 所示。

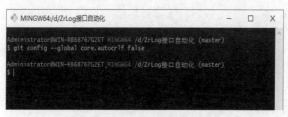

图 9-16　解决符号转义的问题

（2）执行 git add --all 命令，将 ZrLog 接口自动化框架的所有文件提交到

Git 仓库缓冲区，如图 9-17 所示。

图 9-17　将文件提交到 Git 仓库缓冲区

需要注意的是，将 ZrLog 接口自动化目录下的所有文件提交到 Git 仓库缓冲区时，需要保证 ZrLog 接口自动化目录下所有文件夹不能为空（因为空文件夹最终不能推送到远程仓库），所以在执行 git add --all 命令之前，可以在本地运行一下框架的代码，这样可以保证每个文件夹里面都有文件存在。

（3）执行 git commit -m "first commit" 命令将缓冲区的所有代码文件提交到 Git 本地仓库，如图 9-18 所示。

图 9-18　提交代码到 Git 本地仓库

从图 9-18 可以看到，缓冲区的所有代码文件已全部提交到 Git 本地仓库。如果 ZrLog 接口自动化目录下的文件有变化，只需要重新执行 add 和 commit 命令，将修改的代码再一次提交到本地仓库便可。

（4）执行 git remote add origin "git@gitee.com:jiangchu001/zr-log.git" 命令，建立本地仓库与远程仓库的同步关系（本地仓库为 D:\ZrLog 接口自动化，远程仓库为 9.3 节中所建立的 ZrLog 仓库，git@gitee.com:jiangchu001/zr-log.git 为远程仓库的地址），如图 9-19 所示。

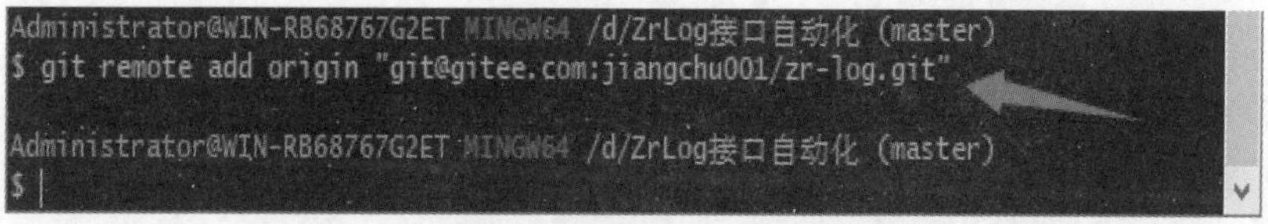

图 9-19　建立本地仓库与远程仓库的同步关系

（5）执行 git push -u origin master 命令，把本地仓库所有的代码文件推送到远程的 ZrLog 仓库上，如图 9-20 所示。

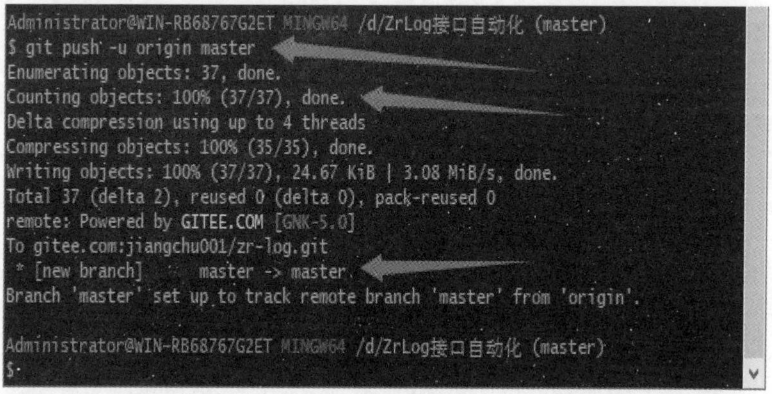

图 9-20　推送本地仓库代码到远程 ZrLog 仓库

从提示可以看到，本地主分支的代码已 100% 推送到 ZrLog 远程仓库的主分支中。

（6）登录 gitee 远程仓库，进入 ZrLog 仓库中，查看本地仓库的 7 个文件是否全部推送过来了，如图 9-21 所示。

图 9-21　查看远程仓库文件

从图 9-21 可以看到,本地仓库的 7 个文件已全部推送至远程仓库。

9.5　通过 Docker 部署 Jenkins 容器

Jenkins 是一个开源软件项目,是一种持续集成工具,用于监控持续重复的工作,旨在提供一个开放易用的软件平台,使软件项目可以进行持续集成和运行。本框架中 ZrLog 接口自动化项目将用 Jenkins 作为其持续运行的平台。

部署 Jenkins 平台有多种方式,这里采用当前流行的 Docker 技术进行部署,部署的步骤如下。

(1)通过 Docker 服务搜索 Jenkins 镜像。

```
[root@localhost ~]# docker search jenkins
```

(2)通过 Docker 服务拉取 Jenkins 镜像,建议选择第二个镜像进行拉取,第一个镜像虽是官方的镜像,但是版本相对较旧,不建议拉取。

```
[root@localhost ~]# docker pull docker.io/jenkins/jenkins
```

(3)通过 Docker 服务查看 Jenkins 镜像。

```
[root@localhost ~]# docker images jenkins
```

(4）通过 Docker 服务创建 Jenkins 守护式容器。

```
[root@localhost ~]# docker run -d -uroot -p 8085:8080 --name=jenkins1 jenkins/jenkins
    792e7b234e7a654fa82c1c4c8d4de40758209b7e5abd691ecd4f789a6dcbeb1b
```

参数说明如下：

- -u：表示使用 root 身份进入容器，建议加上此选项，以避免容器内执行命令时报权限的错误。

- -p：表示宿主机与容器之间端口的映射，通过页面访问 Jenkins 平台需要携带 8085 端口。

（5）通过 Docker 服务查看 Jenkins 容器状态，代码如下，当 Jenkins 容器的状态显示为"up"时，则表明 Jenkins 容器已启动成功。

```
[root@localhost ~]# docker ps -a
```

9.6 通过 Jenkins 容器部署 Python 3.8.5 环境

Jenkins 容器构建完成后，还需要在 Jenkins 容器内部署 Python 运行环境，这样 Jenkins 从远程仓库拉取接口自动化的框架代码后，才可以在 Jenkins 容器内运行。Python 环境部署步骤如下（这里选用 Python 3.8.5 的版本进行部署）。

（1）进入 Jenkins 容器的命令行界面。

```
[root@localhost ~]# docker exec -it -uroot jenkins1 bash
```

参数说明如下：

- jenkins1：表示容器的名称。

- bash：表示 Linux 系统解释器的类型。

（2）通过 apt-get 命令获取最新的软件包，并更新已有的软件包服务。

```
root@792e7b234e7a:/# apt-get update

root@792e7b234e7a:/# apt-get upgrade
```

（3）通过 apt-get 命令安装 Python 3.8.5 的编译环境及依赖包。

```
root@792e7b234e7a:/# apt-get -y install gcc automake autoconf libtool make openssl libssl-dev wget

root@792e7b234e7a:/# apt-get -y install zlib*
```

（4）切换目录到 src 目录中。

```
root@792e7b234e7a:/# cd /usr/local/src
```

（5）下载 Python 3.8.5 的源码包。

```
root@792e7b234e7a:/usr/local/src# wget https://www.python.org/ftp/python/3.8.5/Python-3.8.5.tgz
```

（6）解压 Python 3.8.5 的源码包。

```
root@792e7b234e7a:/usr/local/src# tar -zxvf Python-3.8.5.tgz
```

（7）重命名解压目录。

```
root@792e7b234e7a:/usr/local/src# mv Python-3.8.5 py3.8
```

（8）切换到 py3.8 目录。

```
root@792e7b234e7a:/usr/local/src# cd py3.8
```

（9）安装并编译。

```
root@792e7b234e7a:/usr/local/src/py3.8# ./configure --prefix=/usr/local/src/py3.8 && make && make install
```

（10）添加 Python 3 及 pip3 的软链接。

```
root@792e7b234e7a:/usr/local/src/py3.8# ln -s /usr/local/
src/py3.8/bin/python3.8 /usr/bin/python3

root@792e7b234e7a:/usr/local/src/py3.8# ln -s /usr/local/
src/py3.8/bin/pip3 /usr/bin/pip3
```

（11）验证 Python 3.8.5 的环境及 pip3 环境。

```
root@792e7b234e7a:/usr/local/src/py3.8# python3

root@792e7b234e7a:/usr/local/src/py3.8# pip3
```

（12）安装 ZrLog 项目所需的第三库，这些库包括 requests、pytest、pytest-html 及 pymysql 库。

```
root@792e7b234e7a:/usr/local/src/py3.8# pip3 install
requests pytest pytest-html pymysql
```

（13）安装完成后可退出容器。

```
root@792e7b234e7a:/usr/local/src/py3.8# exit
```

至此，Python 3.8.5 源码安装已完成。

9.7 通过 Jenkins 构建定时任务，并实现持续集成

9.7.1 访问 Jenkins 平台

9.5 节已经部署完成 Jenkins 容器，这里可以直接访问 Jenkins 平台，访问步骤如下。

（1）通过 http://192.168.47.128:8085 网址访问 Jenkins 平台，如图 9-22 所示。

图 9-22　解锁 Jenkins

从图 9-22 可以看到，首次访问需要输入管理员密码，此密码保存在 Jenkins 的容器中，保存的文件路径为 /var/jenkins_home/secrets/initialAdminPassword。此时可以通过 "docker exec jenkins1 cat /var/jenkins_home/secrets/initialAdminPassword" 命令直接查看密码。

（2）自定义安装 Jenkins 插件，新手直接选择"安装推荐的插件"，便能保证 Jenkins 正常运行，如图 9-23 所示。

（3）创建第一个管理员用户，管理员名称和密码自行设置，如图 9-24 所示。

图 9-23　自定义 Jenkins

图 9-24　创建第一个管理员用户

（4）进入 Jenkins 登录首页，如图 9-25 所示。

图 9-25 进入 Jenkins 登录首页

（5）使用创建的管理员用户和密码登录 Jenkins，登录成功之后的页面如图 9-26 所示。

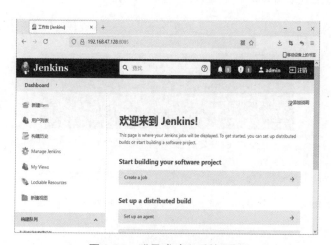

图 9-26 登录成功之后的页面

9.7.2 建立 Jenkins 与远程仓库的信任关系

Jenkins 需要与 gitee 远程仓库建立起信任关系，这样 Jenkins 平台就可以直接从 gitee 远程仓库中拉取所需的代码了。建立信任关系的步骤如下。

（1）使用 docker exec -it -uroot Jenkins1 bash 命令进入 Jenkins 容器，并执行 ssh-keygen 命令生成本容器的公钥与私钥，如图 9-27 所示。

```
[root@localhost ~]#.docker exec -it -uroot jenkins1 bash
root@792e7b234e7a:/# ssh-keygen
Generating public/private rsa key pair.
Enter file in which to save the key (/root/.ssh/id_rsa):
Created directory '/root/.ssh'.
Enter passphrase (empty for no passphrase):
Enter same passphrase again:
Your identification has been saved in /root/.ssh/id_rsa.
Your public key has been saved in /root/.ssh/id_rsa.pub.
The key fingerprint is:
SHA256:LtqgGZ64kekJDpaqYdQtQgZy2JTweyvkS7130BFC64w root@792e7b234e7a
The key's randomart image is:
+---[RSA 2048]----+
|+=o.  ..         |
|+oo      ...     |
| o.    ...       |
|o  ...+    .     |
| oooE.o.S. .     |
|.=po.....        |
|B+= +  ...       |
|O*.B =...        |
|*=* o...         |
+----[SHA256]-----+
root@792e7b234e7a:/#
```

图 9-27　执行 ssh-keygen 命令

对新人而言，在执行 ssh-keygen 命令后，可直接连续按回车键来完成公钥和私钥的生成，从图 9-27 可以看到，公钥和私钥所在的目录为 /root/.ssh。

（2）通过 ls /root/.ssh 命令查看公钥和私钥所在的文件，通过 more /root/.ssh/id_rsa.pub 命令查看公钥的内容，并对公钥进行复制，如图 9-28 所示。

```
root@792e7b234e7a:/# ls /root/.ssh
id_rsa  id_rsa.pub
root@792e7b234e7a:/# more /root/.ssh/id_rsa.pub
ssh-rsa AAAAB3NzaC1yc2EAAAADAQABAAABAQDMYUwVNx/FQhBEd0px91Vtv3rqLyQNd/NYbzi+iLwU
3edRd9o/SZMEzHtU9zFr+KqCWEtswXa7ohDz1eGBXmhnWTd+fgywnCTm85M87JKegTO5xjMXm4X9f7wD
S6QFHVsyHz8bSUYn+kGNJ7BNn3qzCMNyuw6j59RBipUCEbzMpmsDFxHf/LJUCVYJu5wQJu5016c+5L/2
v4HZQm3q/dFh6wJS6ms8mNceoXENMzeNO7ZYudG1tU3/0dgU+XoYoOIGAPru9l/CRv0hMypKALd3Ujp4
IHS4rf/B2LqXdLqdDTidNxtgGlQ0V9IptaW1O7kl3/zOTDFxHwFIwa4meOXZ root@792e7b234e7a
root@792e7b234e7a:/#
```

图 9-28　查看并复制公钥

（3）登录 gitee 远程仓库，通过“个人设置”选项进入“SSH 公钥”对话框，把刚刚在 Jenkins 容器产生的公钥粘贴到“公钥”的输入框中并保存，如图 9-29 所示。

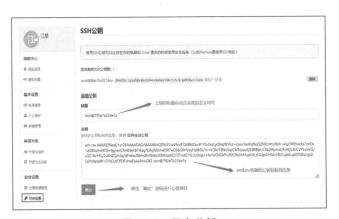

图 9-29　保存公钥

（4）通过 more /root/.ssh/id_rsa 命令查看 Jenkins 容器所产生的私钥内容，并对私钥内容进行复制，如图 9-30 所示。

图 9-30　查看并复制私钥

（5）登录 Jenkins 平台，通过 Manage Jenkins 选项找到"添加凭据"选项，并把刚刚复制的私钥内容粘贴到 Enter directly 输入框中并保存，如图 9-31 所示。

图 9-31　保存私钥内容

（6）查看刚刚添加的凭据信息，如图 9-32 所示。

图 9-32　查看凭据

完成以上步骤之后，Jenkins 平台和 gitee 远程仓库通过公钥和私钥的配对便自动建立起了信任关系，这意味着 Jenkins 平台可以直接从 gitee 远程仓库中拉取所需求的代码。

9.7.3　通过 Jenkins 平台设置定时任务

Jenkins 平台和 gitee 远程仓库建立起信任关系后，接下来将会通过 Jenkins 平台来定时构建接口自动化的测试任务，并自动运行，以达到持续集成的效果。设置定时任务的步骤如下。

（1）登录 Jenkins 平台，单击"新建 Item"选项进入新建任务的页面，输入任务名称，如图 9-33 所示。

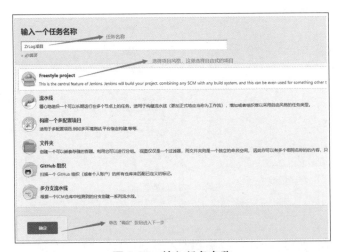

图 9-33　输入任务名称

（2）在"General"选项下设置任务的描述信息，如图9-34所示。

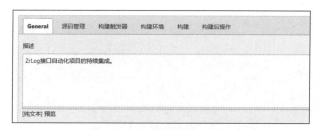

图9-34　设置任务描述信息

（3）通过"源码管理"选项设置远程仓库的地址和凭据信息等，如图9-35所示。

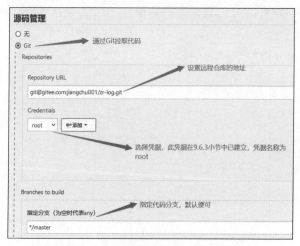

图9-35　设置远程仓库的地址和凭据信息

（4）通过"构建触发器"中的"定时构建"来设置代码自动执行的间隔时间，如图9-36所示。

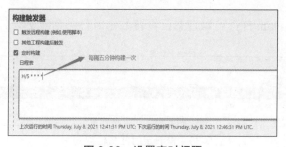

图9-36　设置定时间隔

（5）通过"构建"选项中的"执行 shell"选项进入具体执行命令的设置，如图 9-37 所示。

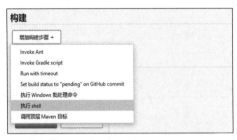

图 9-37　选择"执行 shell"选项

（6）设置要执行 shell 的具体命令并保存，如图 9-38 所示。

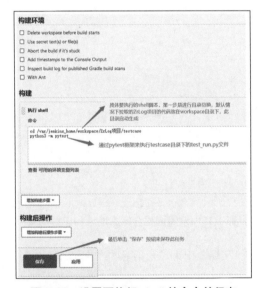

图 9-38　设置要执行 shell 的命令并保存

（7）通过 Jenkins 首页可以查看已设置的定时任务信息列表，如图 9-39 所示。

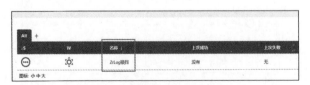

图 9-39　查看定时任务信息列表

至此，定时任务已设置完成，系统将每隔 5 分钟运行一次接口自动化程序，并将运行的结果自动写入数据库中。

9.7.4 查看定时任务执行结果

查看定时任务执行结果有两种方式，第一种方式是通过 Jenkins 控制台输出查看，如图 9-40 所示。

图 9-40 通过控制台查看定时任务执行结果

第二种方式是通过 test 数据库实例中的 test_result_record 表，来查看测试脚本执行的结果是否回写成功，如图 9-41 所示。

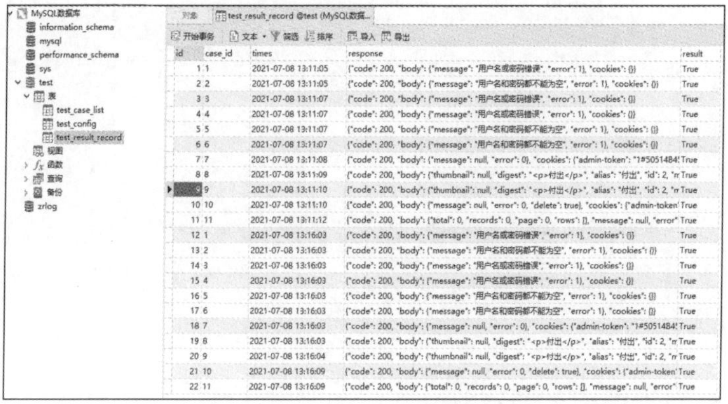

图 9-41 通过 test_result_record 表查看测试结果是否回写

从图 9-41 可以看到，程序的运行结果已回写到数据库。表的字段已在第 7 章详细说明，请读者自行查看。

9.8 通过 Jenkins 安装测试报告插件

程序运行完成后，Jenkins 本身并不会自动生成测试报告，如果想要生成测试报告，则需要安装测试报告插件。通过 Jenkins 安装测试报告插件的步骤如下。

（1）在"插件管理"页面的搜索框中输入关键字 HTML，开始搜索。在出来的结果中勾选 HTML Publisher 选项，可以看到它的功能是 Build Reports（创建报告），单击 Install without restart 按钮进行安装，如图 9-42 所示。

（2）在定时任务中增加报告（report）选项，具体设置如图 9-43 所示。

图 9-42　搜索并安装报告插件　　　　图 9-43　增加报告选项

（3）定时任务重新执行后，单击任务名称便可看到测试报告的选项（HTML Report），如图 9-44、图 9-45 所示。

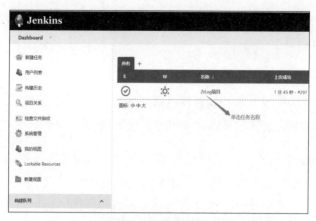

图 9-44　单击任务名称

图 9-45　测试报告选项

（4）单击测试报告选项便可以看到测试报告的内容，如图 9-46 所示。

图 9-46　测试报告的内容

从图 9-46 可以看到，11 个测试用例全部测试通过，通过报告还可以看到程序执行的日志信息。

报告发布成功后，意味着 ZrLog 接口自动化的整个流程已经运行完成，对于初学者而言，最重要的是把 ZrLog 接口自动化的整个流程走通，并串成一条线，日后的学习可以在这条线的基础之上进行扩展和延伸。

对于 Jenkins 平台本身，还可以安装很多个性化的插件，例如邮件插件、钉钉插件、Allure 报告插件等，都可以带来更好的体验。但这部分工作属于后期的持续集成部分，作为初学者，还是应该把重点放在前期的接口接自动化用例设计与框架设计，在这部分的工作能够熟练完成后，再来学习和关注 Jenkins 持续集成就是水到渠成的事情了，这也是大家在学习接口自动化框架时应该遵循的顺序。

本书到这里就结束了，希望能够帮助大家更好地入门自动化测试领域，提升工作技能。